《金鱼图谱·阴阳妙合》

金魚 水里的中國

冰岛 著

创于1897
商務印書館
The Commercial Press
二〇一八年·北京

爱鱼说（序）

宋人周敦颐言：『水陆草木之花，可爱者甚蕃。晋陶渊明独爱菊；自李唐来，世人甚爱牡丹；予独爱莲之出淤泥而不染，濯清涟而不妖，中通外直，不蔓不枝，香远益清，亭亭净植，可远观而不可亵玩焉。

予谓菊，花之隐逸者也；牡丹，花之富贵者也；莲，花之君子者也……』

相比陶菊周莲，羲之喜鹅，林逋梅妻鹤子，我唯钟爱金鱼：色似辰州貌自美，透视污浊身比莲；纵浊境难逃，必以死抗争；质朴雍容，温婉雅丽；水中和合似周孔，人见人喜如凤凰。区区鳞物，古言下等象，却以身洁貌美德精神，教化人心。谁言大德必人类？我视金鱼为先贤。

目录

上篇 我观金鱼

下篇　我戌金鱼

上篇

我观金鱼

江河之水的深邃辽阔，孕育了金鲫博大的胸襟：雅丽祥和，讲究群居，从不文争武斗，是其天性写照，与儒家倡导的和合世界不谋而合，堪称水中凤凰。

凤凰考量国君，君庸则隐身，君贤则来仪，天下和合大吉。作为水中凤凰，金鲫直达心灵，见者心生欢喜，圣洁和美，歪心扶正，教化人心。

从江河之子到池中居住，再到盆缸之水中生存，生死再也无法自己主宰，而是由人类定夺，金鲫与人类开始了生死之交。在这样的巨变点上，金鲫终于有了学名——金鱼。

金鱼，既寓色，也寓贵。这样的学名像定位，更像重托，人类可曾深思过？

水中凤凰

《山海经》，先秦典籍，华夏史上最早的地理学著作，因时间久远，作者不详，传为大禹治水十三年，与助手对九州地理见闻的总记录，经后人整理补注，成为今人所见的模样。

该书《山经·中山经〈荆山 景山〉》一节，这样写道：『中次八（经）【山】荆山之首，曰景山，其上多金、玉，其木多杼、檀。睢水出焉，东南流注于江，其中多丹栗，多文鱼。』（见图一）

睢水，又称濉河，淮河支流，古时重要河道之一。清澈之水穿过山上郁郁葱葱的柞树和檀树，向长江汩汩而流，红色细沙相伴其中。金玉为伍，红中透黄，黄中泛红，周身有文（文通纹）的美鱼水中畅游，好一幅荆山睢水游鱼图！因文鱼外形与鲫鱼相似，时称金鲫。

当金鲫经《山海经》之载，开启水中第一郡望的世间之旅时，华夏国鱼的命运，似乎已在冥冥中萌动。

金鲫的栖息地同样引人遐想。

图一 文鱼
（清）史学家吴任臣
著《山海经广注》

荆山，古名楚山（今安徽怀远县境内），传说中价值连城的和氏璧就产在这里。和氏璧是否出此荆山，尚无定论。传奇背后，金鲫天命何为？更令人深思。

鱼，水中生灵，以鳃呼吸，以鳍云游，江河湖海，山涧小溪，均可见其逍遥的身影，自然之美最灵动的景象之一。

人生于世，鱼德先行，为人类的繁衍生息提供滋养。持续的付出日复一日，不见停息。荒野狩猎、刀耕火种的年代，这是怎样难以言传的幸事！人和鱼自此难解难分。以鱼为瑞，早已契入华夏先民血液，世代传续。

或许鱼对人类过于重要；或许鱼龙互化的古言，令先民有了更多期许，距今六七千年的彩陶纹上，鱼之瑞已升华为鱼图腾，人鱼一体，以求护佑。（见图二）

人类童年，神治时代，思维朴素而纯粹。

时入三代，原始社会结束，国家跨入文明的门槛。

就在此时，一种红铜与锡（或铅）同铸的合金逐渐兴起，因颜色青灰，世称青铜。

青铜硬度更高，性能更好，为复杂工艺运用和造型多样提供了可能。人们开始以自己喜爱的方式，将其塑造成不同器具，以此表达对世界的种种思考。

金灿灿的器具照亮了自己，也照亮了世界，成为人类由蒙昧进入文明的物质表达。

或许是古老哲学培育了先民最初的审美，刚刚从原始足迹中抽身、步入文明之旅的民族，经过无数工匠、无数岁月、陶胎铜铸的熔炉求索，青铜最终演绎为古朴浑厚、风雅雍容的艺术品。

排在艺术品首位的，始终是礼器和乐器。礼乐文明的国度，礼是天地秩序，乐是天地之和，通过培养礼乐精神，达到天地人伦和谐，既是最高法则，也是华夏民族由神治转向德治的开端。

文明转折点上诞生的青铜器，没有为鱼纹预留

图二　人面鱼纹彩陶盆
现藏国家博物馆

更多空间，夔龙纹、兽面纹、云雷纹、蝉纹等新晋宠儿，成为青铜上的主角。鱼纹却独辟蹊径，借助传说中的山石之精、辟邪保福的温润之玉，一展身姿，风靡天下。当商朝第二十三位君主、晚商盛世开创者武丁之妻妇好离世，玉鱼和其他珍品一道，成为其另一世界的陪伴者，以助福瑞。

商朝最后的都城殷（古称北蒙）于三千年后，在河南安阳的小屯村以甲骨文等遗存亮相天下，举世震惊：甲骨上的卜辞天人相合，内涵深广，传续着一个民族的文化基因，华夏文明自此文、物初全，轮廓清晰。

遗憾的是，都城内十二位君主的陵墓无一幸免，在古今盗墓者手里面目全非。

正当世人抱憾之时，一九七六年殷墟宫殿宗庙区的一次挖掘，再引世界关注：保存完整的妇好墓以一千九百二十八件青铜器、玉器、宝石器、象牙器等珍品组合，昭示了武丁盛世的繁华。

一千九百二十八件珍品中，玉器七百五十五件，超过珍品总量的三分之一，玉鱼又占玉器总量的十分之一，地位显赫。（见图三）

殷墟出土的甲骨文和青铜铭文中，已见鱼字，类似鱼形；『贞其鱼，在圃渔』、『在圃渔，

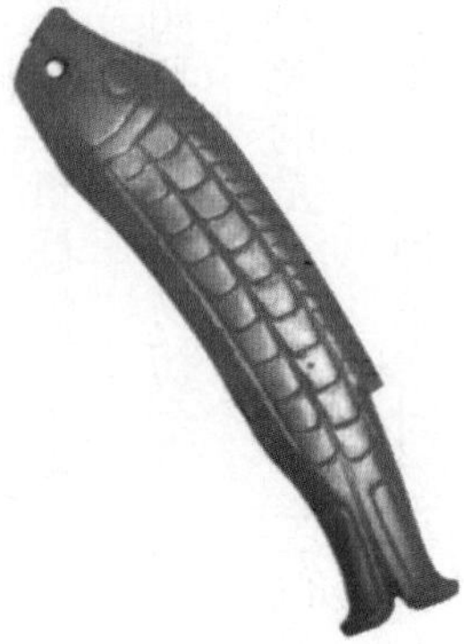

图三　妇好墓出土的玉鱼
现藏国家博物馆

十一月』等相关记载，标志着园囿内已见鱼塘，时间约在商晚期，鱼之瑞更胜。考古证据显示：佩戴和陈设玉鱼之风，始于商时王公贵族。

『玉，石之美，有五德：润泽以温，仁之方也；鳃理自外，可以知中，义之方也；其声舒扬，专以远闻，智之方也；不挠而折，勇之方也；锐廉而不忮，洁之方也。』东汉许慎在其书《说文解字》中，对玉德给予注解。

这是一次天作之合：玉和鱼均以德取胜，异曲同工；玉和鱼谐音，瑞气更佳。重要的是，王公贵族是时代文化掌控者，两德合二为一，穿梭于礼乐文明之中。

青铜文明崛起的时代，玉文化和鱼文化同时崛起，德治的开端内蕴丰厚。

武王伐纣，朝代更迭，农神后稷的子孙开始掌控天下，时入周朝。

以农兴家的氏族必以农兴邦，农耕水平和养鱼面积大大提升，稼丰鱼跃成为新兴朝代的美景。『成王在丰，天下已安，周之官政未次序，于是周公作周官，官别其宜，作立政，以便百姓……』《史记·鲁周公世家》予以记载。《周官》问世，礼乐文明开始以法典之力，成为国家运行的神经中枢，华夏民族的言行举止，自此被纳入法条之内，影响深远。

盛极必衰。

西周末年（公元前七七〇年），日趋羸弱的周王室迁都洛邑，春秋战国时代拉开大幕，诸侯争霸，五百多年寻道图强波澜壮阔，为秦始皇实现民族统一奠定了坚实根基。

春秋末期出生的孔子时逢乱世，慨叹『礼坏乐崩』，遂以私学打破教育垄断，儒家仁政却难为国器，孔子周游列国游说之时，逐渐老去。

晚年的孔子回到鲁国，潜心编修《诗》《书》《礼》《乐》《易》和《春秋》，『礼坏乐崩』需要修复，以期某一天德治天下。

作为华夏诗歌之祖，《诗》中的鱼文化别具风韵，礼乐文明点滴中见江河。

鱼丽于罶，鲿鲨。君子有酒，旨且多。

鱼丽于罶，鲂鳢。君子有酒，多且旨。

鱼丽于罶，鰋鲤。君子有酒，旨且有。

物其多矣，维其嘉矣！

物其旨矣，维其偕矣！

物其有矣，维其时矣！

《小雅·鱼丽》，《诗》第一百七十篇，王公贵族宗庙祭祀神灵后，宾主宴饮时所唱的乐歌。

细研诗意，再思诗名，怦然心动。

后人将『丽』以经历注解，韵却难达：群鱼挤钻竹篓之丽、宴席上鱼味儿之丽、酒丽、

罶：liǔ 指捕鱼的竹篓子。

鲿：cháng 鱼名，即黄鲿鱼。

鲂：fáng 鱼名，今名武昌鱼。

鳢：lǐ 鱼名。种类很多，最常见的是乌鳢。

鰋：yǎn 鱼名。

心丽及大地丰收之丽，层层递进，以『鱼丽』聚合，雅姿摇曳，瑞气飘飘，乐调而歌，风韵更丽。

国之大事，在祀与戎。对先祖、先王的祭祀，周王室常行鱼祭。《周颂·潜》正是对先王公刘的春祭记录。

关于公刘，《史记·周本纪》这样记述：『……复修后稷之业，务耕种，行地宜。自漆、沮渡渭，取材用。行者有资，居者有蓄积。民赖其庆，百姓怀之，多徙而保归焉。周道之兴自此始……』

鱼祭以年冬和隔年春为组合，冬祭众鱼皆可，春祭必以鲔鱼。仪式进程至半，供鱼一一奉上，颂歌随之而起，大意为：漆水沮水多美好，嘉鱼水中栖。有鳣鱼有鲔鱼，还有鲦鲙和鰋鲤。以享以祀，祈佑福祉无绝期。歌声虔诚洪亮。

《诗》中涉鱼诗多篇，角度不同，福瑞相似，礼乐文明中的鱼文化，独树一帜。

鲦：tiáo 鱼名，鱼纲鲤科。

鳣：zhān 鲟类的鱼。

鱼之瑞的社会影响日趋扩大，甚至进入哲学领域。战国中期道家学派代表人物、著名思想家和文学家庄子曾与密友、名家学派开山者惠子展开一段对话，书籍《庄子·秋水》篇予以记载：

庄子与惠子游于濠梁之上。庄子曰：『儵鱼出游从容，是鱼之乐也？』惠子曰：『子非鱼，安知鱼之乐？』庄子曰：『子非我，安知我不知鱼之乐？』惠子曰：『我非子，固不知子矣；子固非鱼也，子之不知鱼之乐，全矣……』

这段著名的人如何认识外物的寓言，已上升为哲学命题，今人对此仍津津乐道。

公元前一三四年，汉武帝刘彻向天下贤良者下诏，寻觅治国良策，公羊学家出身、主张大一统的大儒董仲舒应诏。其以『天人感应』开篇，回答了汉武帝三次策问，大意是：道之大原出于天，天不变，道亦不变；今师异道，人异论，百家殊方，法治数变，下不知所守；建议罢黜百家，独尊儒术。

以德治国，契合华夏民族德主刑辅的传统，最终被汉武帝所采纳，大一统国家自此有了大国之道。

抱憾西去的孔子终于等到了这一天，昔日编修的六书也以『六经』之尊，被奉儒家经典。唐时《周礼》（原名《周官》）又被纳入儒典之列，鱼文化因之传承后世。

意外的是，相较色多银灰的其他鱼类，金鲫自成一统，好鱼者心生疑虑，绕道而行，不敢妄食。金鲫以色为墙，将好鱼者挡在身外，为自己赢得成长之机，金鲫天命何为？

『江天一色无纤尘，皎皎空中孤月轮。江畔何人初见月，江月何年初照人。』唐诗《春江花月夜》中的一句设问，将月夜之美提升至天地之初，悠远浩瀚。今人对金鲫的溯源，同样需追寻童年时的华夏文明。

该怎样形容这样的金鲫（见图四）：似穿过荆山睢水而来，娇小身躯被金红的色泽包裹，如掺兑桐油的丹砂，油亮亮，水汪汪，与国红基因相契；头部向下俯冲，身呈弧线，背鳍高耸，如舞者的一次侧弯，温情华美；右眼深藏，只以左眼巡游世界，眼神妖娆神秘，却又恬静如水；尾鳍舒展如河图，随水沉浮。通观此鱼，气韵雍容，优雅华贵，与华夏古风一脉相承，其间的纽带在哪里？

江河之水的深邃辽阔，孕育了金鲫博大的胸襟：雅丽祥和，讲究群居，从不文争武斗，是其天性写照，与儒家倡导的和合世界不谋而合，堪称水中凤凰。

图四　金鲫巡游

作为百鸟之王，凤凰考量国君，君庸则隐身，君贤则来仪，天下和合大吉。作为水中凤凰，金鲫直达心灵，见者心生欢喜，圣洁和美，歪心扶正，教化人心。这样的凤德儒品是先天秉性，还是天命表达，承载水里的中国？

今天，回头数望，从荆山雎水出发的金鲫，华夏观赏鱼奠基者，早已成长为金鱼世家、水中第一郡望和国鱼，与传统鱼德一体两翼，由滋身而滋德，鱼之瑞更加丰盈，鱼文化终得合流。

可是，在其家族崛起过程中，究竟经历了哪些意想不到的演绎？国鱼的观赏重心到底在哪？滋德的品格是否已被遗失？带给我们的启示又是什么？

栖息佛寺

六四年的一天夜里，汉明帝刘庄做了一个梦，梦中一位金人自西而来，身高丈六，项佩日轮，金光灿灿，绕殿飞旋，帝心甚悦，梦醒称奇。次日，汉明帝问群臣此为何神？学识贯通古今、时称通人的大臣傅毅给予回答，大意为：臣闻天竺有得道者，其名曰佛，可轻而易举凌空飞翔，陛下所梦，即佛也。帝悟。

这样的吉兆更像是暗示，很快，蔡愔一行十余人踏上赴西拜佛、求经之路。此行异乎寻常的顺利，刚刚路经三十六国，到达大月氏的一个街市，便遇见两位高僧清风傲骨，慈眉善目，身披袈裟，口念阿弥陀佛，接受众人顶礼膜拜。上前询问，方知一人名摄摩腾，一人名竺法兰。听闻汉明帝盛邀前往传扬佛法，二人甚感意外，继而大喜，随即将佛像、佛经等放上白马，和蔡愔一行于六七年到达洛阳。

汉明帝亲自前往迎接，并御旨按天竺旧样儿，在洛阳西雍门外三里御道之北，营建僧院。一年后，僧院建成。为纪念白马驮经之功，僧院取名『白马寺』。

这是华夏大地上的第一座佛寺，拉开了佛教扎根中土，僧人、佛寺遍及山河南北的大幕。随着白马寺及更多佛寺落成，佛家倡导的戒杀、放生和护生理念，开始在中土传播，放生池作为该理念的象征，逐渐在佛寺显露身影。

作为神秘、灵异之物的金鲫此时数量极少，见者多不敢食或随意处置，那将被视为不祥之兆。放生池的出现，使人们对待金鲫的态度和方式，有了承载地：凡发现金鲫并捕获者，必将其送至放生池，和龟等稀有动物同居一处。

从身居江河到栖息佛寺，跨度之大远超想象，金鲫的命运因此天翻地覆：从这时起，香火缭绕，佛号声声，修佛讲佛，接受世人顶礼膜拜，成为佛寺每一天的重要工作。佛号声声入鱼耳，香火袅袅润鱼心，日复一日的耳濡目染，金鲫成了佛门一员。

万物有灵，众生平等，是佛家重要理念之一。金鲫以出身高贵、雅丽祥和、见者身心太平，成为众生平等的现实案例，一点点拉近众生间的距离。

时光飞逝，当金鲫早已统称金鱼，被誉佛家八宝之一，象征佛祖之眼昼夜不合、俯视众生、以待救苦救难时，谁能说这样的结局不是佛家通过金鲫，将无数倾斜、生病的心灵搀扶起来，重新启程？

作为物种进化史，入住佛寺，是金鲫发展史上的第一座里程碑，发出了金鲫家化养殖的先声，水中郡望的世俗之旅启程了。

当西晋自断身骨退居江南，中原播迁，生灵涂炭，苦难中的心灵需要安慰。佛教以前所未有的力度深植中土，僧侣成了社会新生的庞大阶层，梁武帝甚至三入佛门，又被朝廷以巨资赎出。『南朝四百八十寺，多少楼台烟雨中。』唐朝诗人杜牧《江南春》中的一行诗句，勾勒出江南佛寺林立、烟雨濛濛、天人共佛的幽深景象。玄佛双修已是皇室成员、士族阶层的必备修养，佛教因此深刻地改变了华夏社会的哲学架构、建筑、绘画、家具等方方面面。当佛家重要经典《华严经》翻译完成，译者请武则天审阅题序。女皇以深厚的佛学修养，亲笔题写开经偈：『无上甚深微妙法，百千万劫难遭遇；我今见闻得受持，愿解如来真实义。』理解和表达之深，至今无人超越。

遗憾的是，在这样一个香火鼎盛、放生池广布各地的时代，金鲫依旧大贵惜身，依天之规，繁衍生息。

『安史之乱』似一声丧钟，大唐盛世的无限荣光，由此进入倒计时。乱中称帝的唐肃宗李亨无力挽狂澜之势，朝政日趋衰弱，民生凋敝。

七五九年，时任升州（今南京）刺史的大书法家颜真卿被深深刺痛，一篇《乞御书天下放生池碑额表》，送达唐肃宗手上，一句『臣闻帝王之德莫大于生成』的表文宗旨，直指帝王天职，遂提议建放生池八十一所，以表帝王对天下苍生的仁爱之心，肃宗允之。

八十一所放生池建于州县临江带郭处，并严禁捕杀池内之物，违者治罪，民众的戒杀放生之心，再受洗礼。

江宁的放生池就建在乌龙潭内，颜真卿亲书《天下放生池碑铭（并序）》：『……昔殷汤克仁，犹存一面之网；汉武垂惠，才致衔珠之答。虽流水救涸，宝胜称名，盖事止于当时，尚介祉于终古。岂若我今日，动者、植者、水居、陆居，举天下以为池，罄域中而蒙福，乘陀罗尼加持之力，竭烦恼海生死之津。揆之千古，曾何仿佛……』

这是华夏史上第一次以律令形式，令放生池广布各地，也是放生池第一次脱离佛门，独立中土。

七八五年，颜真卿被叛将李希烈缢杀，举国悲泣。第二年叛乱终平，颜真卿灵柩被护送回京，葬于京兆万年（今西安）颜氏祖坟。为追悼出入四朝的杰出忠臣，唐德宗废朝八日。二十年后，唐德宗之孙唐宪宗李纯继位，唐朝元气逐渐回暖，民众为纪念谏言设立放生池、平定叛乱的一代名臣，于乌龙潭西侧设立放生庵。太平天国时期，放生庵因战火面目全非。清朝同治六年（一八六七年），江宁知府涂宗瀛以此为基，修缮复建。因颜真卿封鲁郡开国公，世称颜鲁公，故取名『颜鲁公祠』，亲题牌匾。（见附录一）

戒杀放生，济世之本，仁爱之心，不仅限于人类，而是含括众生。它们是天赐人类的福禄，目的不是待杀被吃，以其私惠，而是要人类爱之守之，取用有度，感悟众生之美，使『人与自然为一体』的古老哲学永世相传。作为万物之灵长，代天管物，使其好生谓之节，责任和义务不可一日荒废，只有如此，方不负天地之命，众生之期！

颜之推，颜真卿五世祖，颜回之后，南北朝时期著名教育家和文学家，一生历四国而三亡，生死感悟，终于隋初成就《颜氏家训》，被奉华夏家训之祖。全书共二十篇，在《归心》篇中，作者对佛儒两家所倡的五德和五戒，给出自己的比较和解释，大意是：佛儒两教本为一体，演变过程中渐生差异，境界也深浅不同：佛教设五戒，儒家倡五德，仁、义、礼、智、信恰与五戒相符：仁者不杀生，义者不偷盗，礼者不邪恶，智者不酗酒，信者不虚妄。至于狩猎、作战、宴饮、刑罚等，因民之习性已久，不可废除，但需节制，不至成害。既然遵崇周孔之道，为何要违背佛教教义？

一位依时研佛、儒佛双修的儒门之后，使儒家的仁爱之心由人类延伸至所有生灵，仁者大爱！

思想高墙里伸出的大爱之手，不仅影响了颜氏家族，也深刻影响着所有听闻者的思维，金鲫因此得到儒佛两家的至深护佑，为其持续繁衍生息，搭建起又一座人间爱巢。

虽有朝廷、佛门和民众鼎力呵护，金鲫的身影依旧寥寥，东晋名将桓冲闲游庐山，曾于池湖中偶见金鲫，此事竟载入南北朝时期杰出数学家、天文学家祖冲之以记录诡异、灵异事为主的书籍《述异记》：『晋桓冲游庐山，见湖中有赤鳞鱼……』

或许与天对话太久，对天的示现有自己的视野和解读，金鲫的神秘和灵异在祖冲之眼里，更胜十分。

北宋享国一百六十七年，时间不短，金鲫却依旧隐于世，谋面之难虽不至难于上青天，却也和自由婚恋之不易，相差无几。

六和塔，坐落于临安（今杭州）西湖之南、钱塘江北岸的月轮峰上，北宋开宝三年（九七〇年），这里为吴越国国都。据称为镇水患极重的钱塘江江潮，在吴越王授意、僧人智元禅师主持下，一座塔身九层、高五十余丈、气势宏阔的六和塔拔地而起。塔立之后，来自钱塘江江潮的水患大大减轻。（见图五）

令人意外的是，六和塔下开化寺后的山涧里，金鲫偶露峥嵘。金鲫身影难觅的时代，这样的峥嵘偶露，足以令所有人心驰神往，以一睹天姿为快。知名文人苏舜钦（字子美）便将一偿夙愿之心，放在了六和塔，却只留下一句语意不明的『沿桥待金鲫，竟日独迟留』，便没了下文。

子美先生定是空欢喜一场，不然的话，以一颗翘盼已久之心和文人性格，只写待见过程，却不为金鲫留下美诗或文，断不可能，那是对天赐美物的辜负，非文人所为。

因支持范仲淹等人主张的政治改革，苏舜钦遭保守派、御史中丞王拱臣『监主自盗』的上奏诬告，贬黜朝廷，削职为民，从此远离都城开封，赋闲苏州。

图五　民国时期的六和塔，可遥想其北宋时的风貌

魏德平　提供

江南的小桥流水，逐渐抚平苏舜钦的内心之痛，四万贯钱买下的一座废园，在其亲手设计下，依水之势，成就了至今典雅如画的沧浪亭，为无奈中的隐居生活，提供了一方良田秀水。或许无官一身轻，苏舜钦常与欧阳修等知己泛舟水上，望竹而诗，与莲对饮。

可惜的是，因金鲫之美而起的文题或话题，不见任何相关记载。当其终得平反，却以四十七岁的中年之龄，病逝于返京任职途中时，沧浪亭里那颗隐隐作痛的心，至死未能与金鲫谋上一面。

作为本家和后辈，同为北宋文人的苏东坡对苏舜钦留下的诗句，同样不解。当其主政临安，来到六和塔一睹金鲫芳容时，苏舜钦欲见不能的痛苦，才被其感悟。想必苏东坡经历了同样艰难的时光，但他比本家的前辈幸运，几句『金鲫池边不见君，追风直过定山村，路人皆言君未远，骑马少年清且婉』的诗，就是见证。

金鲫不食投饵之事，也被苏东坡所见，北宋观文殿学士蒋之奇同样亲历此幕，遂以诗句对金鲫色泽和品性给予总结：『全体若金银，深藏如自珍。应知嗅饵者，故自是常鳞。』

这是至关重要的记载，不为利来，不为利往，身负天命，品性高洁，仁者自有天道！

据传，金鲫脱离放生池的杂居生活、独居池内正源于此时，临安和金鲫丝丝缕缕的缘份就此结下，为若干年后的命运转折埋下伏笔，临安会成为金鲫的故乡吗？

附录一　乌龙潭并颜鲁公祠部分碑文图片辑存

组图中，汉白玉条石并『放生庵』三字，为唐时遗存；放生井并石刻《乞御书天下放生池碑额表》，为二十世纪八十年代颜鲁公祠修缮时新增。

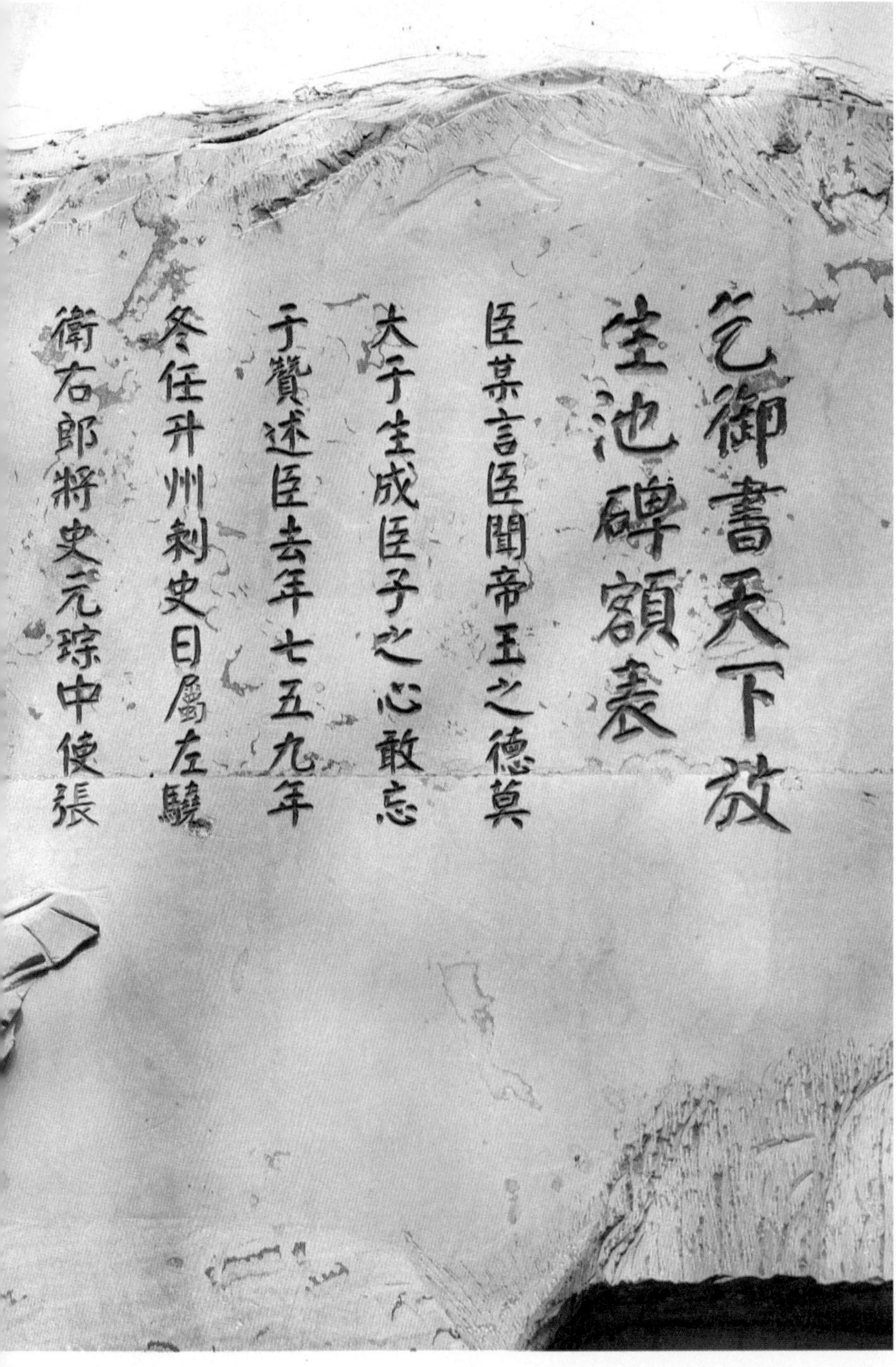
乞御書天下放
生池碑額表
臣某言臣聞帝王之德莫
大于生成臣子之心敢忘
于贊述臣去年七五九年
冬任升州刺史日屬左驍
衛右郎將史元琮中使張

《乞御书天下放生池碑额表》
钱澄 摄

生池始于洋州興道迄
升州江寧秦淮太平橋凡
八十一所恩沾動植澤
昆虫發自皇心遍于天下
歷選列辟来之前聞海隅
孰不欣喜臣時不揆
放生池

放生庵

放生庵并放生井
钱澄 摄

出入四朝的杰出忠臣颜真卿
钱澄 摄

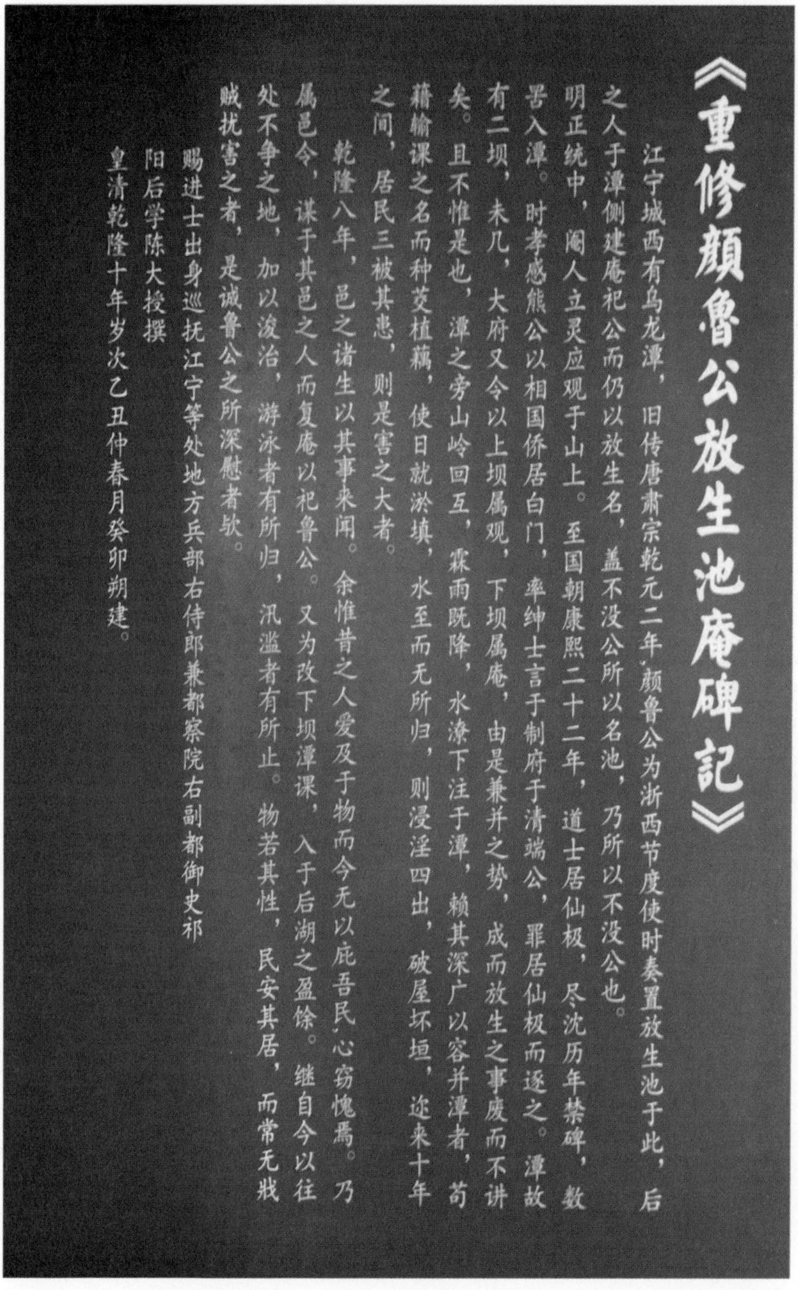
《重修顏魯公放生池庵碑記》
江宁城西有乌龙潭，旧传唐肃宗乾元二年，颜鲁公为浙西节度使时奏置放生池于此，后
之人于潭侧建庵祀公而仍以放生名，盖不没公所以名池，乃所以不没公也。
明正统中，阉人立灵应观于山上。至国朝康熙二十二年，道士居仙极，尽沈历年禁碑，数
罟入潭。时孝感熊公以相国侨居白门，率绅士言于制府于清端公，罪居仙极而逐之。潭故
有二坝，未几，大府又令以上坝属观，下坝属庵，由是兼并之势，成而放生之事废而不讲
矣。且不惟是也，潭之旁山岭回互，霖雨既降，水潦下注于潭，赖其深广以容并潭者，苟
藉输课之名而种茭植藕，使日就淤填，水至而无所归，则浸淫四出，破屋坏垣，迩来十年
之间，居民三被其患，则是害之大者。
乾隆八年，邑之诸生以其事来闻。余惟昔之人爱及于物而今无以庇吾民，心窃愧焉。乃
属邑令，谋于其邑之人而复庵以祀鲁公。又为改下坝潭课，入于后湖之盈馀。继自今以往
处不争之地，加以浚治，游泳者有所归，汎滥者有所止。物若其性，民安其居，而常无戕
贼扰害之者，是诚鲁公之所深慰者欤。
赐进士出身巡抚江宁等处地方兵部右侍郎兼都察院右副都御史祁
阳后学陈大授撰
皇清乾隆十年岁次乙丑仲春月癸卯朔建。

《重修颜鲁公放生池庵碑记》
钱澄 摄

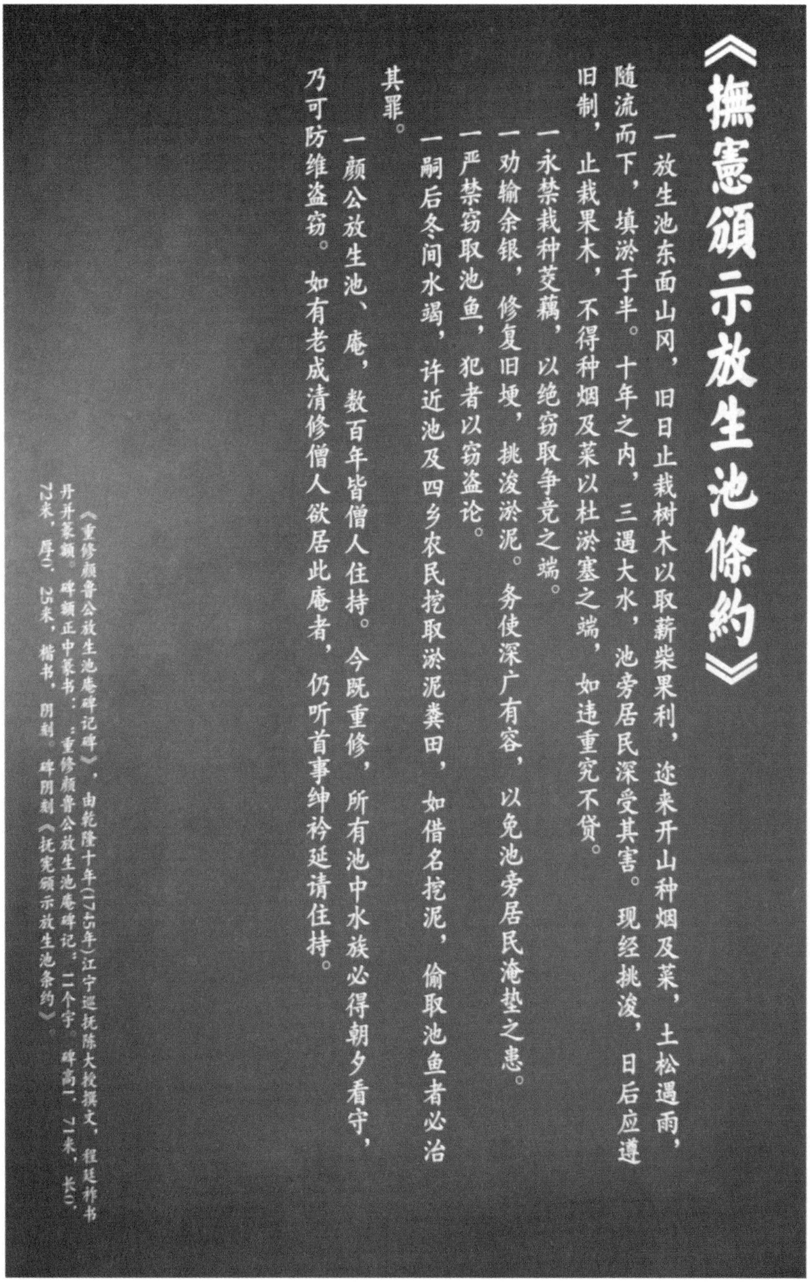
《撫憲頒示放生池條約》
一放生池东面山冈，旧日止栽树木以取薪柴果利，迩来开山种烟及菜，土松遇雨，随流而下，填淤于半。十年之内，三遇大水，池旁居民深受其害。现经挑浚，日后应遵旧制，止栽果木，不得种烟及菜以杜淤塞之端，如违重究不贷。
一永禁栽种茭藕，以绝窃取争竞之端。
一劝输余银，修复旧埂，挑浚淤泥。务使深广有容，以免池旁居民淹垫之患。
一严禁窃取池鱼，犯者以窃盗论。
一嗣后冬间水竭，许近池及四乡农民挖取淤泥粪田，如借名挖泥，偷取池鱼者必治其罪。
一颜公放生池、庵，数百年皆僧人住持。今既重修，所有池中水族必得朝夕看守，乃可防维盗窃。如有老成清修僧人欲居此庵者，仍听首事绅衿延请住持。
《重修颜鲁公放生池庵碑记碑》，由乾隆十年(1745年)江宁巡抚陈大授撰文，程廷祚书丹并篆额。碑额正中篆书：：重修颜鲁公放生池庵碑记：二个字。碑高1.71米，长0.72米，厚0.25米，楷书，阴刻。碑阴刻《抚宪颁示放生池条约》。
《抚宪颁示放生池条约》
钱澄 摄

顏魯公祠

颜鲁公祠
钱澄　摄

跃龙门

『靖康之役』后，南宋以临安为都，偏安江南一隅。面对西湖之美，宋高宗为弥补不便时常观赏的遗憾，索性在德寿宫内复建，西湖美景被一一纳入，别称『小西湖』。曾于临安府、两浙转运司等处任职的周密，自南宋亡国后深感悲痛，从此隐居旧都不仕，记录旧时临安城内的风俗物貌，成为其后半生的主业。在其所撰《武林旧事》一书中，对德寿宫有所描摹：『高宗雅爱湖山之胜，恐数跸烦民，乃于宫内凿大池，引水注之，以象西湖冷泉；叠石为山，作飞来峰，因取坡诗「赖有高楼能聚远，一时收拾与闲人」名之……孝宗御制「冷泉堂」诗以进，高宗和韵，真盛世也。』

康王时代，鸽子曾是宋高宗的最爱。经济繁荣、文化昌盛、歌舞升平的北宋，与鸽子的和美之风很相配。或许时过境迁，一切已物是人非；或许遭遇过重创的内心，已非鸽子可抚平，不知何时起，金鲫成了宋高宗的新宠，那份人见人喜的雍容和天趣儿，给了宋高宗夜深人静时无限的安慰。德寿宫内，一所名『泄碧』的金鱼池因此而生，金鲫纵身一跃入龙门。金鲫之名也被禁，统称『金银鱼』。

『金银鱼』之称，既断了口腹鲫鱼的薄福联想，又与金鲫的日月之容相契。既跃龙门，怎能无与地位相配的学名呢！

荣辱并存的时代，这样的纵身一跃，更像是一次等待千年的谋篇布局，犹如佛教祖庭白马寺，拉开了佛教扎根中土的序幕，直至历经魏晋南北朝入唐后，儒、道、佛三家融为一体，成为中国哲学不可分割的三大支柱，人们才对当初的序幕有了更深理解。栖息佛寺的金鲫，似乎也在等待最佳时机，宋高宗的无心之举，千载难逢。

从这时起，对金鲫的风靡由皇帝、皇宫至皇族，之后是宫廷大臣和豪门大户，这些人不仅是宋高宗雅好的追随者，而且是时代文化的集大成者和引领者，对美具有独特鉴赏力和表现力，加之年年有余的吉庆谐音，没费吹灰之力，金鲫就以节奏极快的阶梯式步履，风靡南宋。

该怎样描述这样一个时代呢？

在宋高宗引领下，高官和世家大族除在私家大宅里堆山叠石、凿池注水、栽种花木之外，池水里多了又红又黄的小鱼，使园林之美骤增灵动和天趣儿。因金鲫独居池内，部分池名

图六　宋高宗
（清）宫廷画师姚文翰画
《历代帝王像》

也从放生池改称金鱼池（更早时已偶见此名）。

独立的居住地，保证了金鲫繁殖基因的纯粹，为更多变异提供了可能，成为金鲫发展史上第二座里程碑。（见图六）

池养方式与放生池相比，只是空间大小之变，金鲫生存方式并无变化，依旧是最初的『落霞与孤鹭齐飞，秋水共长天一色』。

科举兴盛的时代，官员们文化修养都很高，做官必备学识，耕读之家乃至学而优则仕，便可见为官路径。这样的官员和世家大族，对『天人合一』的古老哲学心怀敬仰，实践有素，使金鲫的天赐之美得以保持。金鲫家化起步之初，这样的幸事难以言传！

隋朝时开始的鱼符式身份证，唐时鱼型并非金鲫，而是鲤鱼，唐朝皇帝视红鲤为瑞。此种认识未能延续，由于宋高宗的喜好，金鲫的命运发生了逆转，自南宋起，大盛天下。当时绝大多数民众和宋高宗一样，认为红鱼中鲫为上，鲤次之。

虽无人像追问『太阳为什么从东方升起，又从西边落下』这样的古老问题一样，追问金鲫为何出自荆山睢水，为何一身红黄与华夏主色相契，为何所有见者心神安宁祥和，但作为居家天物，人鱼相望的距离拉近，人们对神秘之鱼习性的认识，逐日加深。

蜗居江南一隅的中原政权，内伤累累的华夏民众，因金鲫的日趋普及，感受到难以言说的喜庆和愉悦。

由于需求大增，鱼池繁殖的便利，历经无数代繁衍和培育，金鲫之色由红黄增至银白、玳瑁（黑白花斑）三种，身形依旧。

以今天的眼光凝神细瞧：银白如荷塘月色，月华重重，深邃静谧；玳瑁如天地相合，斑斑点点，古远狂野；又红又黄的金鲫穿梭其中，其乐融融。

有趣儿的是，小鱼此时名字很多：金鲫、金银鱼、金宝鱼、赤麟鱼等等，因色而称，随己所好，学名尚未诞生。

这样的风靡，自然少不了专业人士的参与。据相关记载，南宋时鱼儿活已出现，即今天的鱼工或鱼把式。每日和鱼打交道，金鲫喜食红虫等水生浮游动物的习性，鱼儿活们已烂熟于心，金鲫的繁殖习惯也已掌握：每年三四月份，春暖花开，小鱼的繁殖就开始了。此时需放置足够的草编浮萍，系上重物放入池水里，小鱼激情的繁殖过程，从不会忘记在浮萍上甩子；待繁殖结束，立刻将浮萍取出，置于清水小器中，阳光下晾晒；几日后，细如银针的小鱼已可视；之后，少食饲之，待其慢慢长大、变色和固色，这样的过程周而复始。

鱼儿活们因收入高涨，鱼美赏心，乐此不疲，成为寒门之家的小富一族。

由于技术娴熟，鱼儿活们或为皇宫、官宦之家金鱼池的管理者，或为饲养、贩卖金鲫为生的鱼贩。因常挑担贩鱼，集市上的美鱼交易随处可见，产量之大可以想象。南宋降金叛将吴曦赴四川就任宣抚副史时，曾将心爱之鱼装满三大船，随其一同赴蜀，数名鱼儿活被迫前往。

关于金鱼池之盛，经历过南宋覆灭、痛楚中回忆钱塘盛况的钱塘人吴自牧在其书《梦粱录》中有所描述：『金鱼，有银白、玳瑁色者……此色鱼旧亦有之。今钱塘门外多蓄养，入城货卖，名「鱼儿活」。豪贵府第宅舍作池蓄之。青芝坞、玉泉池中盛有大者，且水清泉涌，巨鱼泅游堪爱。』

南宋画院的画家笔下，西湖十景之一的花港观鱼，更可一说。

在西湖西南角的西山大麦岭后，有座花家山，山上树木郁郁葱葱，一条小溪穿山而过，泉水清澈，注入西湖。每当春日来临，草木碧绿，山花烂漫，倒映水中，天然的水墨丹青。十月一到，落英纷纷，漂浮水面，落花流水直奔西湖而去。久之，人称花港。

时值宫里有个内侍官名卢允升，其和宋高宗一样，被西湖美景吸引，遂借花港的地理优势，在花家山下买了三亩地，堆山叠石，栽种花木，凿池蓄水，各色金鲫游弋其中，恍如天境，私家园林就此形成。园中立一石碑，上刻『卢园』。

三亩地，一鱼池，一石碑，本属平常之举，却因小鱼美至人心开花，一时间惹来观鱼者无数，文人雅士也纷纷前往，题诗作画，『卢园观鱼』随之声名远扬。当宫廷画师以西湖为题、落笔西湖十景时，『卢园观鱼』作为重要景观被纳入，改称『花港观鱼』，从此青史留名。

时光飞逝，一六九九年，康熙帝下江南时游览西湖，对『花港观鱼』欣赏有加，御题『花港观鱼』四个大字。落笔之前，略一思索，将鱼字下部的四个点减去一个，四点象征火，鱼遇火必死；三点象征水，鱼遇水而活，更合天道。从此，康熙帝御题的三点水『花港观鱼』石碑立于池旁，成为又一景观。（见图七）

待康熙帝之孙乾隆帝下江南，留诗万余首至今的诗人皇帝和其祖父一样，对该景赞赏不已，一首赞美诗，真真展示了诗人皇帝的语言功力：『花家山下流花港，花著鱼身鱼嘬花。最是春光萃西子，底须秋水悟南华。』该诗刻于康熙帝御题的石碑阴面，为花港观鱼再添盛事。一碑两帝御题，在我国碑林史上，至今独一处。

遗憾的是，由于战乱等因素，乾隆帝当年的题诗已不复存在，今人所见的石碑题字，两面皆为康熙帝御题。

今天，如有好事者看文游西湖，昔日西湖十景已生变化：花港观鱼的三亩私家园林，已扩建为占地二十多万平方米的公园，红鱼池、牡丹园、花港等成为公园主景，鱼池里那

图七　康熙帝御题『花港观鱼』
黄妮　摄

无数金鲫，已是红鲤和红鲫相间，较之当年更加喜庆。

虽有皇帝、宫廷大臣和世家大族鼎立引领，金鱼池却对土地空间提出要求，平民之家仍难加入养鱼行列，大大减缓了金鲫成为国鱼的速度。

令人欣慰的是，以金鲫为代表的金鱼世家已经启程。接下来，金鲫又将迎来怎样的时代？为其家族带来巨变的，又将是怎样一些人呢？

文人鱼

自宋高宗起，皇宫里养金鲫已成惯例。南宋亡国后，元代和明初的金鲫热虽不复南宋，但天桥已搭起就不会坍塌。或许皇宫里的金鲫培养了明神宗朱翊钧的喜好，或许金鲫的天趣儿与童心相通，明神宗和宋高宗一样，迷上了金鲫。明代进士、曾官至礼部尚书的于慎行在其书《谷山笔尘》中，对明神宗的宫内陈设有所描写：『一日，同二三讲臣入视，见窗下一几，几上设少许书籍，又一二玉盆，盆中养小金鱼寸许，上所玩弄也……』

这是一段至关重要的记载：玉盆虽小，金鲫盆蓄时代来临事大；金鱼一词已流行。其实在更早的嘉靖年间，金鲫盆蓄已经普及，明人郎瑛在其文言笔记小说集《七修类稿》一书中，对当时的养鱼时尚有过一番评论，评论内容有些出人意料，大意为：杭自嘉靖一五四八年来生有一种金鲫，因色至赤名『火鱼』，无人不好，竞色射利，交相争尚，多者十余盆，至一五五二年盛极。朗瑛对此却忧心忡忡，语友说：『《洪范五行传》云：鱼，阴类，下人象也；鳞，甲兵之象也。今赤色者，火之象，况曰火鱼，其兵火之兆也。』是年倭寇事发，寇自台，宁、绍、杭、嘉兴直抵南直隶沿海一带，杀官掠地，屠民焚屋，至处甚为惨烈。朝廷虽遣重臣武将剿之，常胜败各半。待倭寇被平，火鱼之尚也由盛转衰。气数兆灾，昭然也。

『火鱼』一名引出如此之说，皆因火字而起，康熙帝御题『花港观鱼』，对鱼字下半部改用三点水的思考，确符常理，也说明时人对『火鱼』二字和鱼色利弊，认识两极，但尚风未因之改变。

一五〇二年，正是郎瑛所提倭寇的日本，将金鲫引入本国，这是金鲫游向世界的最早记录。

从江河之子到池中居住，再到盆缸之水中生存，金鲫迎来发展史上的第三座里程碑——家化养殖时代来临，但生死再也无法自己主宰，而是由人类定夺，金鲫与人类开始了生死之交。在这样的巨变点上，金鲫终于有了学名——金鱼。

金鱼，既寓色，也寓贵。当生死无法自主时，这样的学名像定位，更像重托，人类可曾深思过？

随着明神宗独立执掌朝政，这个在位四十八年，被誉为『金鱼鉴赏家』的皇帝，使金鱼的饲育迎来又一个高峰，且看这高峰在宫里的体现吧。

万历二十九年（一六〇一年）入选皇宫、分工司礼之事的太监刘若愚曾著书《酌中志》，对宫里各种司礼之事分类记载，在《饮食好尚纪略》一卷，对八月之事记载如下：

宫中赏秋海棠、玉簪花。自初一日起，即有卖月饼者。加以西瓜、藕，互相馈送。西苑蹕藕。至十五日，家家供月饼、瓜果，候月上焚香后，即大肆饮啖，多竟夜始散席者。如有剩月饼，仍整收于干燥风凉之处，至岁暮合家分用之，曰团圆饼也。始造新酒。蟹始肥。凡宫眷、内臣吃蟹，活洗净蒸熟，五六成群，攒坐共食，嘻嘻笑笑。自揭脐盖，细将指甲挑剔，蘸醋蒜以佐酒，或剔蟹胸骨八路完整如蝴蝶式者，以示巧焉。食毕，饮苏叶汤，用苏叶等件洗手，为盛会也。凡内臣多好花木，于院宇之中，摆设多盆。并养金鱼于缸，罗列小盆细草，以示侈富。有红白软子大石榴，是时各剪离枝。甘甜大玛瑙葡萄，亦于此月剪下。缸内着少许水，将葡萄枝悬封之，可留至正月尚鲜也。

至细之记，勾勒出一幅幅良辰美景。缸蓄金鱼之妙，已带人间仙气。但奠定金鱼水中望族的居功至伟者，又是哪些人呢？

苏州，古称姑苏，吴国都城，公元前五一四年，国相伍子胥奉吴王阖闾之命，营建吴国新城。伍子胥相土尝水，象天法地，营建出子城、内城、外城与内外两条护城河紧密相依、河街相邻、小桥流水人家的新都城。

新城的格局似乎命中注定。甲骨文中，『吴』字架构很像一尾鱼顶着一个出头的口字，水陆交融的新城，正合甲骨文『吴』字的造型。这样的象形寓意，似乎预示着苏州世代不息的富足，预示着鱼和吴地的某种神秘联系。

作为大运河江南段的水陆货物集散地，至宋代，『上有天堂，下有苏杭』的美誉天下皆知，明时的苏州府甚至以一城之力，承担着朝廷百分之十一左右的税收。以文徵明、唐寅等为代表的吴门画派，渐成天下第一画派，文人画、山水画在传承中独树一帜，天下风靡，苏州开始以国家经济和文化中心的地位，引领时尚。

苏州素有造园传统，从春秋时的皇家园林姑苏台、宋时的沧浪亭，到元时的狮林禅寺（狮子林前身）……大小园林不胜枚举，名园辈出。无论是辞官归隐的官僚文人，还是云游天下、带着财富回归故里的职业文人，甚至家业新盛的各类精英，造一方私家园林让灵魂安居，都是令人着迷的雅兴，也是私家园林兴盛的基础。各类文人纷纷以园主、设计师的身份参与造园，组成了史上最有文化的造园队伍，苏州园林因之又称『文人园林』。

文人之手由园林伸向园子内的家具，硬木家具中的苏作，因文人的引领而成就，被称『良木上的文人画』。

独树一帜的视野、不拘一格的风流，引领时尚的同时，也塑造着苏州雅致、风流的文人性格，小说《红楼梦》作者曹雪芹甚至于该书中将苏州誉为『最是红尘中一二等富贵风流之地』。这样一群雅好多多的文人面对金鱼，又会有怎样一番精彩呢？

张丑，又名张谦德，苏州昆山人，万历年间文人和学者，所撰《茶经》是继陆羽《茶经》后，又一本茶事专著。所著《瓶花谱》在中国古典插花史上，占有重要地位。《朱砂鱼谱》完稿于一五九六年夏，是史上第一本金鱼论。文人之手通过张丑伸向了金鱼，金鱼和苏州的神秘联系，露出冰山一角。

作者开篇即言：『朱砂鱼，独盛于吴中大都，以色如辰州朱砂，故名之云尔。此种最宜盆蓄，极为鉴家所珍。有等红而带黄色者，即人间所谓金鲫，乃其别种，仅可点缀陂池，不能当朱砂鱼之十一，切勿蓄。』

辰州，八九点钟的太阳，霞光万丈，光耀大地。这等天红，与金鱼神秘之身相配，一词惊艳，风雅至极。

朱砂鱼受宠于吴地，先祖金鲫却成了点缀其美的看客，『切勿蓄』三字已是阻拦，尚变之快，始料未及。

眼视辰州是第一步，还需在磁州产白瓷盆里再受检验，红映水者，最为鉴家所珍，红不映水二等色。

色美之外，尾鳍也当相配。尾鳍皆二，唯朱砂鱼三尾、五尾、七尾和九尾不等，如展翅的凤尾，浪漫飘逸，比美天红！

色、尾皆美依然不够。『朱砂鱼之美，不特尚其色，其尾、其花纹、其身材亦与凡鱼不同也。身不论长短，必肥壮丰美者方入格。或清癯、或纤瘦者，俱不快鉴家目。余故每日课童子饲养，又躬自周旋其侧，察识其性而节宣之，所蓄鱼皆洪纤合度，骨肉停匀，自分颇得其事与理。及观好事家所蓄，遂无有如余家者。』

常书看古时美女入宫环节多，朱砂鱼这一番姿容、体态品鉴下来，堪比美女入宫。

每日传道授业解惑，外加常常躬身亲劳，美鱼自然相报。『余家庚寅年所蓄一时，有头顶朱砂王字者、玉带者、七星者、巧云者、梅花者、红白缘边者，皆九尾、七尾。吴中好事家竞移樽俎，蚁集鉴赏，历数月乃罢。』

张丑的骄傲和吴地人对极品的珍赏，可谓爱鱼雅景。

可是，美鱼得来必先从选苗开始。

每至夏日，吴地的养鱼人必汇聚鱼市，为一尾美鱼入家千挑万选，多以年数千尾之量选入家中，放入数只盆缸内精心饲育。一段时间后，小鱼年方豆蔻，再百里挑一二，放入几只盆缸内，精心养护。

严苛的层层筛选，正是无意识的选种过程，出类拔萃的天姿，后代必得真传。

此时必长江水入盆缸，既是活水，也源自金鱼母亲河，鱼水之情深厚，活得舒畅；清冷井水次之；城市用水最不可取，死水一潭。之后，便是日常管理。

每换水，须早起，须盥手，须缓缓用碗捉取。勿迫以手，迫则伤其鳞鬣，鳞鬣伤鱼则日渐就毙。纵不毙，亦乏天趣儿而生意不舒矣。慎之！慎之！

换水一两日后，底积垢腻，宜用湘竹一段作吸水筒，时时吸去之，庶无尘俗气。倘过时不吸，色便不鲜美。故吸垢之法，尤为枢要焉。或曰，投田螺两三枚收其垢腻，亦可。

南宋时，金鱼喜食红虫人尽皆知，可如何掌握量是个问题。

此鱼性嗜水中红虫，逐日取少许饲之。毋令过多，多则腹涨（涨通胀）致毙；亦毋令缺，缺则鱼不丰美。若欲其不畏人，每饲彼红虫，先以手掬水数声诱之，彼必鼓浪来食，及习之既熟，一闻掬水声即便往来亲人，谓之食化。

最后一句道出真谛，没有往来如亲人，人和鱼的生死之交，无从谈起。

清明前后，小鱼的繁衍生息关涉种鱼生死、繁衍质量和成苗率，最是头等大事。

每年四五月间，正朱砂鱼散子之候。若天欲作雨，须择洁净水藻，平铺水面以待，伺其既散，逐一取有子者，另置小缸器中晒之。倘过时不取，则子悉为他鱼所食。

鱼初出时，如针如线，且未须以物饲之。俟其长至四五分，既变红色方可饲以须少红虫。最忌饲之太早，太早则伤其腹胃，此致毙之道也。

对种苗千挑万选的人，育苗必万里挑一，没有这样的选种育种，苏州人对金鱼之美的苛求，便没了基础，如此，大美之鱼何来？

鱼畏日，夏架一蓝色布幔，为其遮阳尚属简单，冬日来临，一切则需谨慎。此鱼不甚畏寒，纵不藏亦得。但遇冱寒，则辄底俱冻，多至夭损。须每年冬仲，盛于中等缸器中，掘窖安置。须用一缸覆之外，加以泥，待开岁春仲始出窖，乃为万全也。

美鱼先美器，否则鱼之美便打了折扣。

大凡蓄朱砂鱼缸，以瓷（瓷通磁）州所烧白者为第一。杭州宜兴所烧者亦可用，终是色泽不佳。余常见好事家，用一古铜缸蓄鱼数头。其大可容二石，制极古朴，青绿四裹，古人不知何用，今取以蓄朱砂鱼，亦似所得。

日复一日，年复一年，辛苦无法一一尽数，金鱼世家也在一代又一代的繁衍中，起步了。

吴地好事家，每于园池齐阁胜处，辄蓄朱砂鱼以供目观。余家城中，自戊子迄今，所见不翅数十万头。于其尤者，命工图写。粹集既多，漫尔疏之：有白身头顶朱砂王字者；首尾俱朱腰围玉带者；首尾俱白腰围金带者；半身朱砂半身白及一面朱砂一面白作天地分者；满身纯白背点朱砂，界一线者，作七星者、巧云者、波浪纹者；满身朱砂皆间白色，作七星者、巧云者、波浪纹者；白身头顶红珠者、药葫芦者、菊花者、梅花者；朱砂身头顶白珠者、药葫芦者、菊花者、梅花者；白身朱戟者、朱缘边者、琥珀眼者、金背者、银背者、金管者、银管者、落花红满地者；朱砂白相错如锦者。种种变态，难以尽述。

上至天文，下至地理，精神无所不包的鱼名，内涵深厚，正是文人雅好，脱口而出自风流。

接下来，最美的事就是赏鱼了。怎么赏？也需讲究时辰。

赏鉴朱砂鱼，宜早起，阳谷初生，霞锦未散，荡漾于清泉碧藻之间，若武陵落英，点点扑人眉捷；宜月夜，圆魄当天，倒影插波时，惊鳞拨刺，自觉目境为醒；宜微风，为披为拂，琮琮成韵，游鱼出听，致极可人；宜细雨，蒙蒙霏霏，谷波成纹，且飞且跃，竞吸天浆，观者逗弗肯去。

鱼美还需会赏，倘无江南的梅子黄时雨相配，这样一番景致，得来确有难度。

诗情画意最江南，可惜以赏鱼入画者，至今寥寥。

任何一个时代的来临，都不会一蹴而就，与张丑同处万历年间、年龄比其稍长的明代文学家、戏曲家屠隆在其不足千字之书《金鱼品》中，对吴地人的爱鱼风尚给予描绘：

惟人好尚，与时变迁。初尚纯红、纯白；继尚金盔、金鞍，锦被及印红头、裹头红、连腮红、首尾红、鹤顶红，若八卦、若骰色。又出赝为继，尚墨眼、雪眼、珠眼、紫眼、玛瑙眼、琥珀眼，四红至十二红、二六红，甚有所谓十二白，及堆金砌玉、落花流水、隔断红尘、莲台八瓣，种种不一。总之，随意命名，从无定颜者也。

关于这样一个时代，明代著名医药学家李时珍在其书《本草纲目》中说了一句：『自宋始有蓄者，今则处处人家养玩矣。』

从栖息佛寺到家家养玩，金鱼不觉间已成国鱼，世人心中年年有余的象征。金鱼画上墙，厅堂高挂九鱼图，已是华夏民族的风俗，时称『九如』。

『九如』，出自《诗经·小雅·鹿鸣之什·天保》，最高祝寿之词：如山；如阜；如陵；如岗；如川之方至；如月之恒；如日之升；如松柏之荫；如南山之寿。『寿比南山不老松』

就取自『九如』。

这样的祝词用于九鱼图，源于『九如』与『九鱼』谐音，吉祥之意叠加，祝词内涵达至顶点。虽然图中鱼类不同，但红鱼内含的鸿运当头之意，骤添十分喜庆，吉祥之气荡漾人心。

自文鱼首现《山海经》，历经数载，金鱼之美终在吴地文人的千鉴万审中，有了标准，那一抹天红奠基的颜色，与国红基因相契，血脉相传，并以传世之书固定下来，向后人昭示金鱼之美的第一标准，金鱼也在这样的标准中，开始了水中郡望的建构。

从栖息佛寺到跃龙门，初入世俗之家，又在一群引领天下文化的文人手里，开始了命名和家族建制，这样的轨迹和幸运，总使人疑问究竟是机缘巧合，还是天意如此？

遗憾的是，族谱清晰的金鱼世家刚刚启程，金鲫就从家族先祖变身为点缀后代的配角，当其后代风靡天下，『金鲫最耐久』的美誉，同样尽人皆知。金鲫开始以强健体魄，为家族兴衰保驾护航。

就在张丑写作《朱砂鱼谱》前十余年，名满天下的苏州大画家文徵明曾孙文震亨降生了。

深厚的家学功底，使其成为诗书画皆通者。这个曾任职中书舍人的朝廷之官，终和苏州众多文人一样，在各种暗箭中辞官归隐。写诗绘画之余，以园林设计师之名，徜徉于各色私宅之间。

一六二一年，由其撰写的一部浸润时代之风、阐述华夏物质文明的传世之作《长物志》面世。直到今天，人们仍对此书深研不断，成为中国家居文明的指导书。在由十二卷短文构成的书中，其从室庐、花木、水石、禽鱼、书画、几榻、器具、衣饰、物品摆放等角度，对家居气质给予定位：古朴，雅致，可爱。书中其将鹤、鱼等和玉兰、竹子、梅、菊、书画相提并论，如几榻一样，家居必备之物，应在华夏之家完美呈现。这样的地位和高度，前所未有。那个发四声的『长』字，文震亨曾意指以多余作解，却借此为华夏之家立标，构思巧妙。

至此，金鲫完成了向金鱼的转变，并成了墨香缕缕的文人鱼，华夏民族的水中国粹。

接下来，承续文人鱼风范的，又是谁呢？

朱鱼五十六钗

一六七五年、康熙帝登基第十四年，明末清初的改朝之乱慢慢理顺，华夏民族逐渐步入又一个盛世。此时，一位名蒋在雝者，完成了《朱鱼谱》一书的写作。作者史料不详，哪里出生长大也不清楚，但文人性格和用语贯穿全书，文人属性无疑。

作者于开篇《自序》即言：『朱者何？曰正色也。鱼者何？曰鳞物也。谱者何？曰籍录也。朱鱼曷为而谱之？曰：以其生于世也，贵贱不同，然而格斯物者犹鲜，虽有知者，亦弗能善也，如马之不遇伯乐，深可惜焉。故予以其入格者，名之于前，分其式样五十六款。款下各有其附式，而不可紊乱。以其体段入格者，列之于后……山海，人人知其广也，然无《玄经注》，焉得而知山海间奇异之物焉？故是鱼也，名式也多，形容亦广，岂得无谱乎？无谱，则虽是好之，满道总总盲然。余集是谱，虽不及《广舆》与《山海经》注，亦可补《尔雅》之未备，《广舆》之遗失，而为伯景京纯之功臣，何尝不可。』

《尔雅》，华夏辞书之祖。《广舆》，《广舆图》简称，明代进士罗洪先著，对后世影响极大的地学之作。蒋在雝欲将入格金鱼补录于两书，可见其对金鱼遗珠于世，甚感遗憾。既为金鱼知音，拾遗补缺乃必做之事，五十六款入格者因之被辑录于书，至于能否如期收录，已是另论。

五十六款入格者，是继张丑《朱砂鱼谱》之后，对金鱼世家之望族的又一次全面辑录，如《红楼梦》对金陵十二钗的经典描写，笔者现对其中二十款给予辑存。

佛顶珠：

附佛顶红状元红

佛顶珠，要通身俱白，以及尾鲅（似通足）皆白，无一点红杂，独于脑上透红一点，圆如珠而高厚者方是。如大而歪斜、小而长狭，虽无杂间于身，俱不入格。如大而园（园通圆）者，名曰佛顶红，不及佛顶珠之贵耳。大而长者，谓之状元红。

朱眼白：

朱眼白，通身俱白，独两眼红而透脑者佳。即有红须红唇者，亦收此类。

桃腮白：

桃腮者，通身白，独两腮红者为是。间有两腮红点园而厚高者，名曰点腮红。亦有两腮白而腮边之一圈红肉者，名曰吐腮，此乃最者。

吐舌红：

吐舌红者，通身俱白，以及尾鲅俱白，独于夹唇之中有红如小瓜子样者，但开口食物见之，若闭口只见纯白者为真。间有唇内一圈红者，开口见之，闭口不见，此名含线红。

间有唇之上下皆红者，名曰夹口红。

金袍玉带：

金袍玉带，通身俱红，惟腰间一围白者如银带式，故名。但带上起细点如花者，更不可得。

判官脱靴：

判官脱靴，遍身要红，独于尾鲅墨色者方是。间或有乌身要红鲅者，亦名。

应物鱼：

应物者，以其类物而名之也。如象山形、草木、人物、鸟兽、楼台、屋宇、床帐、屏帷物者，即名之也。

甲子年，余畜一鱼，黑如漆者，至秋秀出，背上如牌坊状，海虞陸恂如觅去。越二岁，余到其家视之，精不可言。其后有鸿来云，被人窃去，不知所向，甚为悼惜。

麒麟斑：

麒麟斑者，每一鳞上有二色，或白边红心，或白心红边，或黄心黑边，或黑心黄边，尾鲵俱见如鳞状而花者。斯鱼如兽中之麟，禽中之凤，世不尝有之物。盖世不尝有，何尤而名之。明季时出于娄东清河张氏之家，乃黑其麟也。张乃进上，上赐四品绯鱼服。起家迄今，缨簪庆绵，世世继禄。张姓丘民，名天得，字妻求氏。世居殷港门。耕读传家，善事必行，读书不肯寻章句。天神欲富贵其家，无窦而入，乃夜托梦与丘民曰：『我我黑衣童子，性命求君一救。』公明日蚤（蚤通早）起，坐于门首，曰：『此乡野僻处，何物应梦。』心甚不乐。夫人进茶于公，公曰：『我心事未了，不欲饮也。』夫人曰：『心事奈何？』公告之以故。夫妇聚谈，不觉一渔者提一筐鱼而过之，曰：『张小官并及娘子，因何在堂说话？我有活泼泼的鱼在此，买乎？』夫人视之曰：『官人休闷，此鱼非黑衣乎？』公亦视之曰：『沽，我放生。』渔者曰：『善。』公买之，惟二黑鱼死矣，余鱼皆活，而放去。公将芦管吹口，鱼有圉圉之意，而对公摇首摆尾。公蓄于缸中，翌日变为黑，其鳞斑矣。以告于州令，徐公进上得官。故世人曰：其鳞斑出太仓也。

锦被盖牙床：

锦被盖牙床者，通身俱白，惟上半身红而方正，独露出口尾者方是。如红者不整齐，谓霞盖雪。

雪里托枪：

雪里托枪，通身俱白，独在半背上起红如线至尾梢为是。若尾上鳞间有一搭红如缨者更贵。丙子年，有福建客人带来一尾如此式者。若无红缨，独红线一条直至首尾者，谓之一弹红，亦出晋安，有人带来。

八卦红：

八卦红者，通身俱白，不论头上腰间与后尾俱横红，或三连三断合卦式者，故名之。如卦白而身红者，谓之八卦白。

朱沙（沙通砂）红：

朱沙红者，通身俱红，红如朱沙而紫色者方是。若带黑色，谓之殷红。

白马金鞍：

白马金鞍，通身俱白，惟背上有红如鞍，又不可以前、又不可以后、又不可以左、又不可以右，恰好如马之扬鞍者为善，故名。

太极鱼：
太极鱼者，通身俱白，惟背上负太极图者方是。此亦世罕有者，亦奇宝也，永乐中出白下骆瑞方家。

观音兜：
观音兜者，如观音菩萨之兜头也。若有飘带者更佳。

梅花白：
梅花白者，通身俱白，于白中又白，如梅花朵耳。又名雪里梅，一名李花白，亦奇种。

杨梅红：
通身俱红，于红之中又红，如杨梅之色者是也。一名紫云台，亦奇种。

三宝鱼：
通身俱白，惟背上红者如飞钱与宝与锭者，谓之三宝红。若身红而三宝白者，谓之三宝白。

摇扇鱼：
摇扇式，背上有如扇子形者是。身红扇白者，谓之白羽扇，身白扇红谓之黄金扇。

佛靴鱼：

身白而靴红者，谓之赤龙靴；身红而靴白者，谓之水晶靴。但一只者多，若两只者不可易得也。丙子年，村东小青家曾出二枚。

色合规只是枢要之一，嘴、眼、腹、鳍等重要部位，皆需达标，于是，嘴论、眼论、唇论等俱被详细叙述。因时见生僻字，笔者将按现行通则处理，大意如下：

嘴要如虾蝎形，视咬食勿望上，开口又不可望下，食物平直为上，必如放出，食必嘴唇收进者为上，若张闭者及其余俱不入格。

唇要双，又要薄，勿厚笨，开口勿圆小，又勿得扁大，如口字形者妙。又不得见下唇方为入格。后视如虾蝎首者为妙。

头要如鳏鱼或乌鱼，其虽余即若青若鲻者，俱不入格。

眼必要大胖，咄出而红如银朱者，谓之朱眼，必要红来透脑者为上。有一种咄出而黄色者，光如琉璃，名曰水晶眼。有一种不咄者，但色次于朱砂，名曰金眼。有一种咄而黄色者，名曰淡金眼。有一种白者，名羊眼。若外有一重琉璃光者，谓碧眼，又名灯笼眼。又有一种又大又咄又红，如两角直宕于口边，楚楚可爱，此乃福建之种，名宕眼。如悬于外者，故名。第一朱眼，第二水晶，第三灯笼，第四金眼，第五淡金与白者，不入格也。

尾要大厚，分出上下丫叉样者，又要平直端正，上下均齐，不偏不侧，不上不下，尾根要装得端正，斯为两页尾。有鸭脚尾，形如鸭足，故名。有荷叶尾，形如荷叶，故名。有江铃尾，形如儿帽上江铃，故名。有虾尾，形如青虾之尾，故名。有三尾，乃三角者，故名。有喇叭尾，形如喇叭，故名。有四尾，后视之如十字样，故名，又名十字尾。有扇尾，形如扇子，故名。蕉叶尾，形如芭蕉扇子，故名。余俱不入格。但两尾者正格，余则从其风俗之所爱。

背条要平直，首至尾俱平直无凹凸者为上。

腹要平直，不可凸出，不论何名式，总要脱肚而净白者为上。若有红鳞则不贵矣，但红者勿论。

还有腮论、须论、鳞管论等等，鱼身各部几乎无一遗漏。这样严苛的色与身段，真可媲美知书达理的小姐，稍一疏忽便品格落地。一番讲究下来，入格者已千百里挑一，可谓金鱼史上最严苛的帝选妃，以之为谱，为朱鱼之美立标，当之无愧！

金鱼世家崛起的时代，就有这样严苛的审美，对金鱼的家化繁殖，是极其严格的高标准引领，使金鱼之美如同金鱼之名，可入天地。

在谱之鱼愈难得，愈强调繁衍饲育。

较之张丑，蒋在雝对鱼子如何收，叙说详细：『收子之法，将捞蕴松草于清水缸，养其数日。拣净野鱼子以及虾虫杂物等件，然后取长尺许者二三十根，于中间扎定。再用尺许丝线扎一小甄宕治于下，使草下水寸许，则草如碗形，则鱼散子于草不狼籍（籍通藉）矣。俟其散满，取起另放于小浅缸中晒之。切不可动摇，动摇则小鱼曲者多矣。狂风骤雨丽日，必将木盖遮之，庶使子不坏而可全出。』

子虽可全出，初期的管理更为紧要。『出后半月许……将碗挽小鱼清水缸中，以虫食之，如大鱼之养法。待有鳞长寸许，再捉起放于碗中，拣有鲠于背者，以及不平直而曲者、不全者、歪斜者丢于江中，好者蓄。俟其变秀后，有名者，又另放于一缸中，如大鱼养之。』

书籍对出苗率高低虽无描述，但可看出即使鱼技高超，苗中也多有残疾者，收获入格之鱼并不容易。

蒋在雝和张丑一样，均为养鱼高手，至于写书原因，作者自言养朱鱼已三十余年，爱朱鱼者虽多，但与其交谈，鱼技和认识总不得正脉，唯已得其秘籍，故以此书扫除之前所有缪说，指点迷茫者。

既得其秘籍，想以此书补《尔雅》之未备，《广舆》之遗失，也就不足为怪了。

当金鱼世家初成规模时，这样一本专论，既是为金鱼之美设定国标，也是对金鱼创新之路给予引领，使金鱼的文人风范更加浓郁。

一八四八年，书籍《金鱼图谱》由景行书屋刻印，作者为江苏句容人句曲山农。因史料不详，作者原名无考。究其写书原意，皆因近人薛氏有谱，但图详文略，其便摘取《本草纲目》《群芳谱》等书的相关内容，以原始、池畜、缸畜、配孕、养苗等相关技术环节为序。补足文字。

相比《朱鱼谱》，此书最大特点是言及配孕：『鱼配孕俗称咬子，又名跌子。凡雄鱼赶咬雌鱼之腹，雌鱼急穿若遁逃状，其腹有如线影一瞥，即咬子之候。无论池蓄缸蓄，须配定雌雄。雄鱼多则伤雌鱼，无雄则雌或胀死。雄鱼需择佳品，与雌鱼色类大小相侔称，则生子天全而性纯。若用他鱼咬子，其种亦多奇特……』

自《朱鱼谱》问世算起，一百七十余年过去，时光给了人们充分的探索余地，从无意识选种到有意识选种，金鱼的最初一道，也是最后一道——科学的繁衍工序，终于完成。人们开始如繁殖其他动植物一样，为繁殖一尾美鱼多方实验，使金鱼世家增添更多后起之秀，并为未来繁衍留下无尽空间，成为金鱼发展史上第四座里程碑。

其与同乡、晚清画家尚兆山的一次合作，更弥补了明代以来金鱼书文详图乏的遗憾，五十六幅鱼图附录书中。善诗的画家以对金鱼多年的热爱和研究，成就了野性与风雅相融、疑似天物的金鱼图，成为金鱼书出版史上的盛事。

该书现藏国家图书馆，为使读者一睹明清文人鱼的风采，笔者决定将该书所有鱼图附录本书，并延用原书鱼图目录和插图排序予以呈现，以此承续中国金鱼文化。（见附录二）

由尚兆山的鱼图之美，想到清时苏州画家缪麟书的画作《金鱼图》：在高十八点四厘米、宽五十三厘米的方寸扇面上，一尾雅艳之鱼成为扇面主角，似游未游，欲说还休，一双大眼似天问，古朴而纯粹。与之对应的是扇面上部左侧的墨书、下部右侧的几株白莲和扇面底部的水草，高洁素朴，墨香飘飘，与鱼对话，犹如昆曲，浓妆淡抹总相宜，文人鱼的风雅再添注解。（见图八）

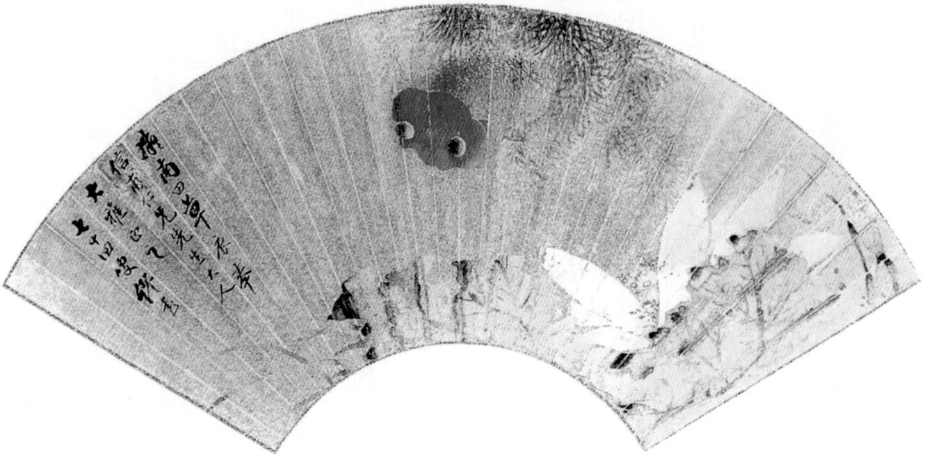

图八 （清）缪麟书画《金鱼图》

现被日本私人收藏

十九世纪末，一本名《竹叶亭杂记》的书籍问世，作者为嘉庆十年（一八〇五年）进士，一生供职朝廷、书画皆精的姚元之。因鸦片战争时武力抗衡的建议不被采纳，遂托病回归故里安徽桐城，竹叶亭中伴诗书画度日。离世四十年后，书稿由其重孙姚谷编辑出版。该书收录的清人宝使奎的随笔《金鱼饲育法》，也以丛书形式面世。从时间段看，《金鱼饲育法》的著文时间，应与《金鱼图谱》相仿。此时金鱼繁殖技术成熟，文种、蛋种、龙种和草种的品类划分，已经明确，书籍开篇便述之：

龙睛鱼：

此种黑如墨，至尺余不变者为上，谓之墨龙睛，又有纯白纯红纯翠者、有大片红花者、细碎红点者、虎皮者、红白翠黑杂花者，变换多种，不能细述。文人每就其花色名之。总以身粗而匀、尾大而正、睛齐而称、体正而圆、口闭而阔。于水中起落游动，稳重平正、无俯养奔串之状，令观者神闲意静，乃为上品。又有一种蛋龙睛，乃蛋鱼串种也。

蛋鱼：

此种无脊刺，圆如鸭子。其颜色花斑，均如龙睛，唯无墨色，睛不外突耳。身材头尾，所尚如前。又有一种，于头上生肉，指余厚，致两眼内陷者，尤为玩家所尚，以身纯白而首肉红为佳品。名曰狮子头鱼，愈老其首肉愈高大，此种有于背上生一刺，或有一泡如金者，乃为文鱼所串之故，不足贵。

文鱼：

此种颜色花斑亦如前，亦无墨色。身体头尾，俱如龙睛，只两眼不外突，年久亦能生狮子头，所尚如前。有脊刺短者缺者不连者，乃蛋鱼所串耳……

世多草鱼，花色皆同此。但身细头尾小，名曰金鱼，以红鱼尾有金管，白鱼尾有银管者为尚。亦无墨色。

感谢张丑、蒋在雝、句曲山农、宝使奎们，他们集万众及文人的独特审美，对养鱼过程及繁衍精细探索，对金鱼之美给予严苛限定，使金鱼世家崛起的时代，便有极高的审美标准，国鱼的繁衍和传续，被严格限制在标准之内，对后世产生了深远影响。这是文人的贡献，也是金鱼的幸事，这才是金鱼与人类的生死之交！

与此同时，一个最古老的问题随之浮现：金鱼是鲫鱼之后吗？金鱼家族的千般容貌，会有人从基因角度给出解释吗？

附录二　中国金鱼文献《金鱼图谱》插图辑存

薛氏旧谱

玉印
双面
十红
缺名
金瓶玉盖
三元
玳瑁
玉燕穿波
黑体
十二红

篱外桃花
双飞剑
二姑杞桑
珠眼
丹出金炉
金钩钓月
缺名
点绛唇
银腮
冰片梅

流水落花
满天霞
七贤遇阖
八卦
一片丹心
醉杨妃
水恋落花
将军挂印
一片冰心
红锦莲

红云捧日	雪里梅	以下诸书辑入新增
火炼丹	唐印	凡品二种
阴阳妙合	霞际移飞	
十段锦	顶上连珠	
梅稍（稍通梢）月	天地交泰	
四相	锦心绣口	
众星拱月	缺名	
火里烟	玉岸金坡	
凤尾	缺名	
天圆地方	仙人背剑	
二龙戏珠	缺名	
佛顶珠	缺名	

玉印

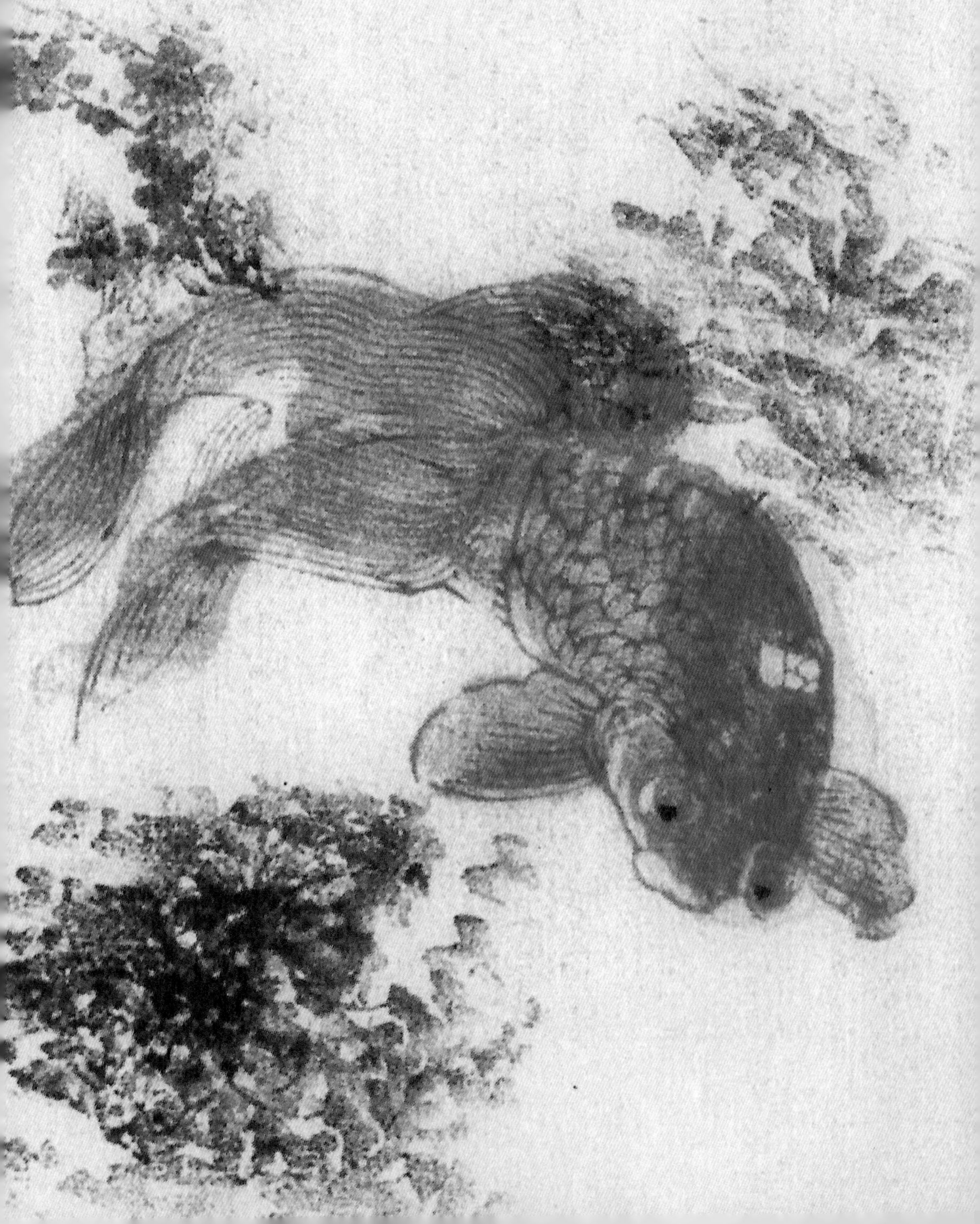

双面

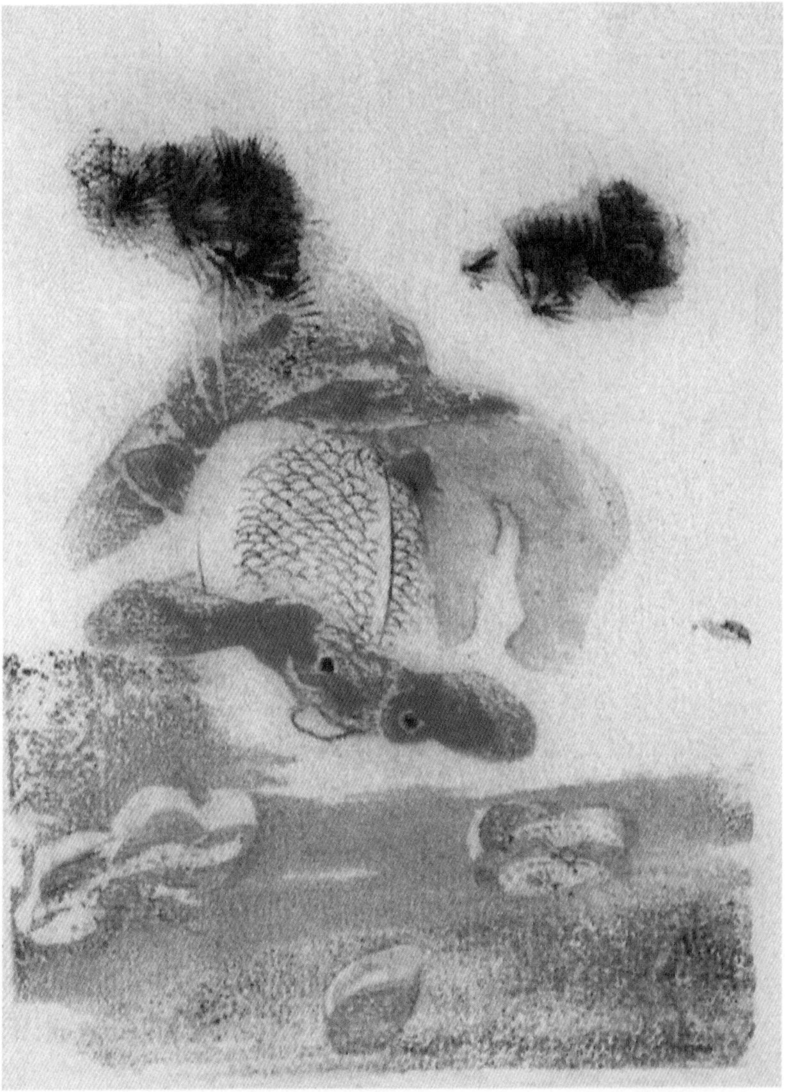

十红

缺名

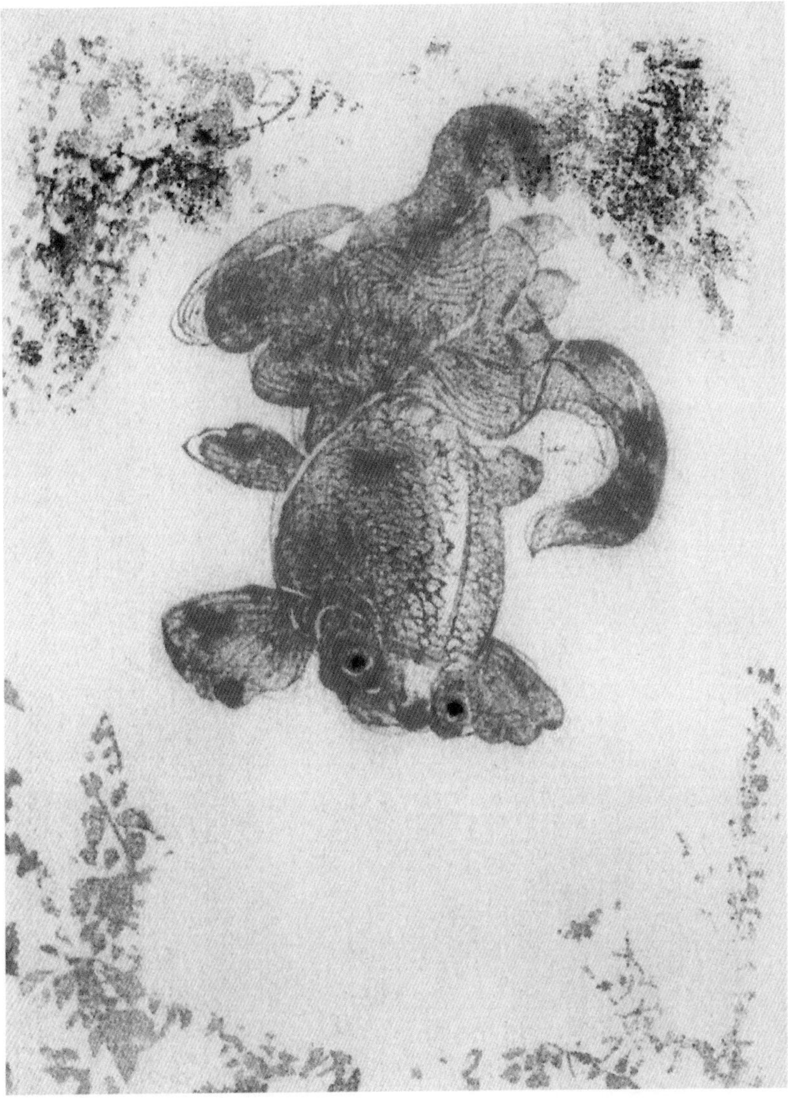

金瓶玉盖

三元

玳瑁

玉燕穿波

黑体

十二红

篱外桃花

双飞剑

二姑杞桑

珠眼

丹出金炉

金钩钓月

缺名

点绛唇

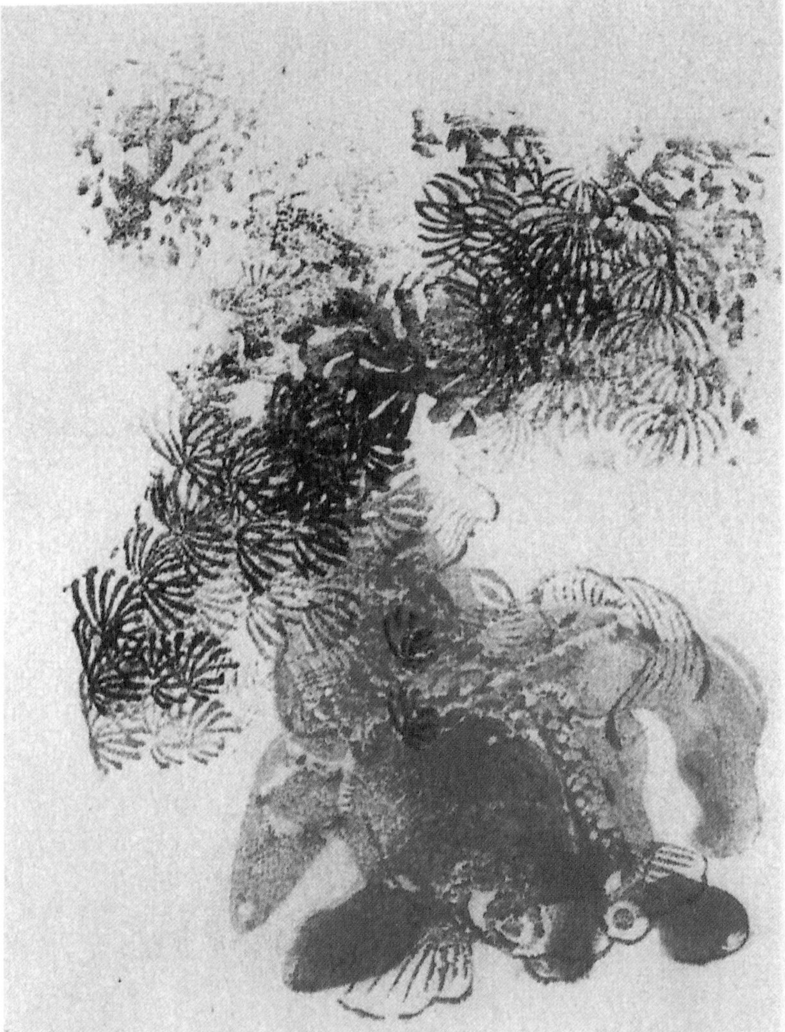

银腮

冰片梅

流水落花

满天霞

七贤遇闓

八卦

一片丹心

醉杨妃

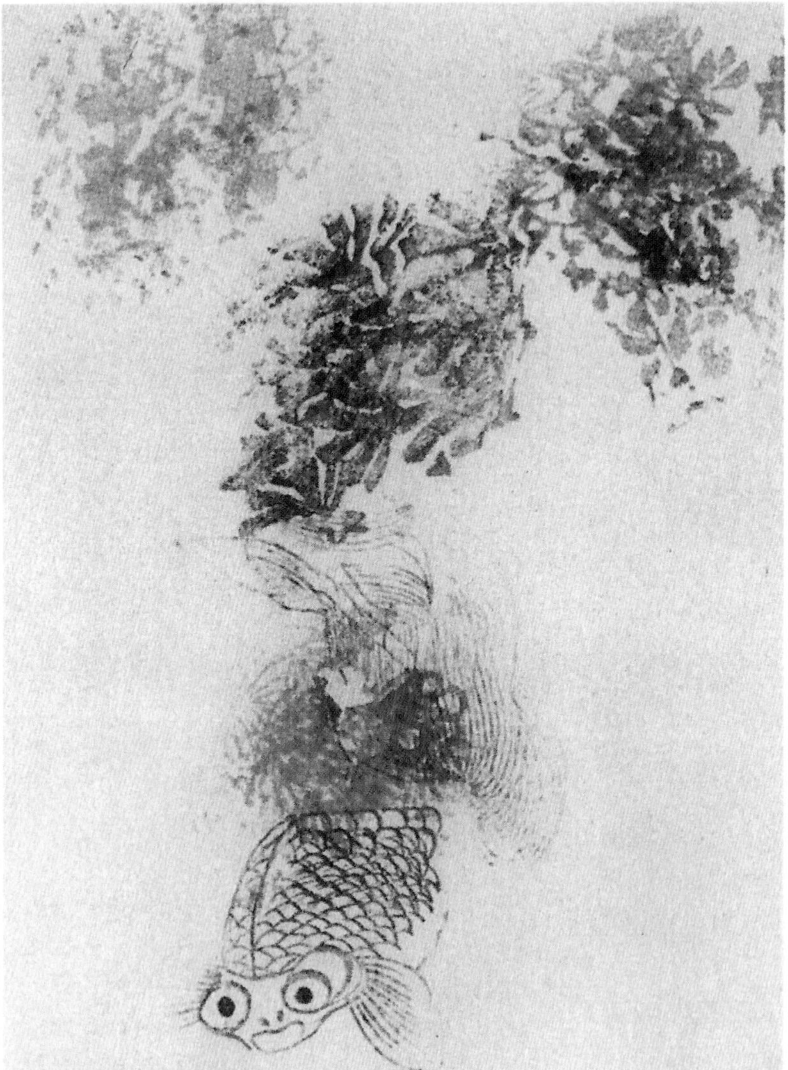

水恋落花

将军挂印

一片冰心

红锦莲

红云捧日

火炼丹

阴阳妙合

十段锦

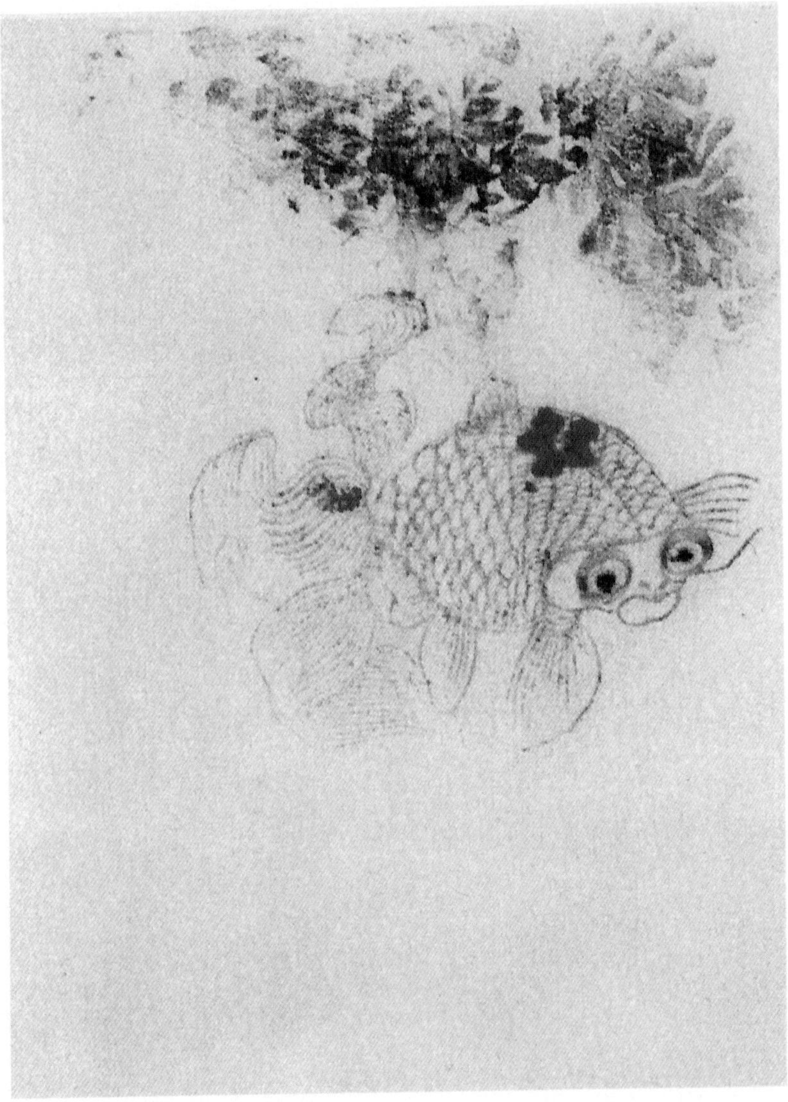

梅稍（稍通梢）月

四相

众星拱月

火里烟

凤尾

天圆地方

二龙戏珠

佛顶珠

雪里梅

唐印

霞际移飞

顶上连珠

天地交泰

锦心绣口

缺名

玉岸金坡

缺名

仙人背剑

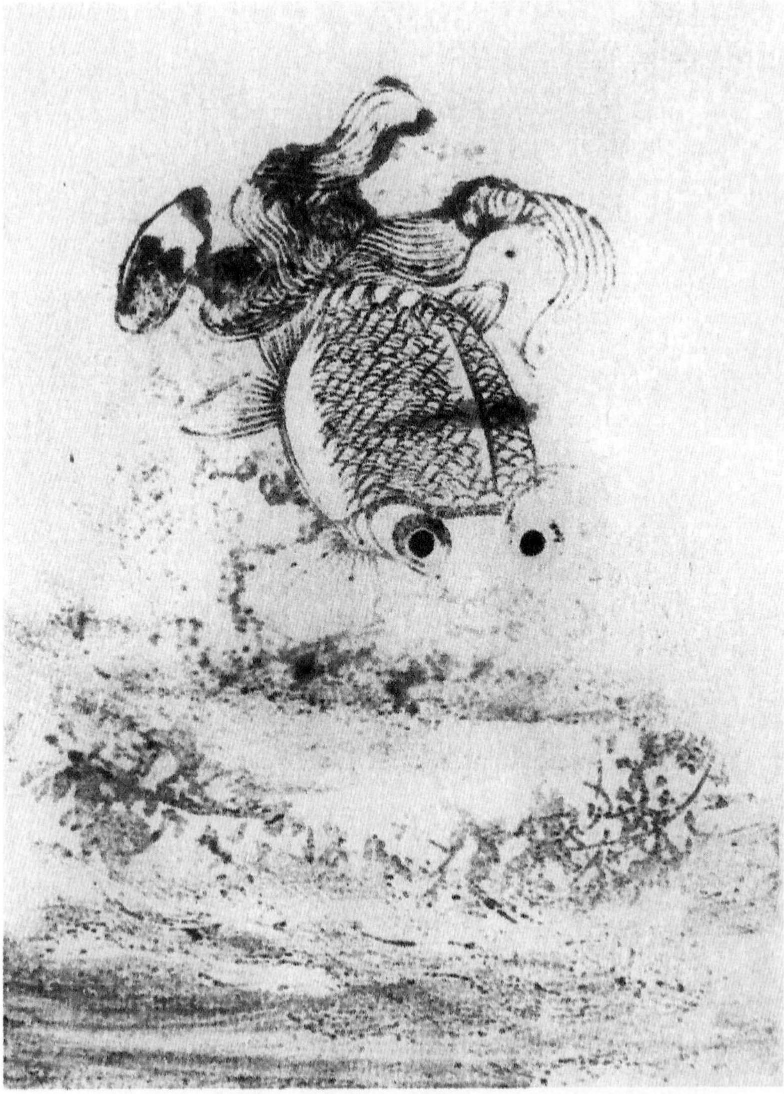

缺名

缺名

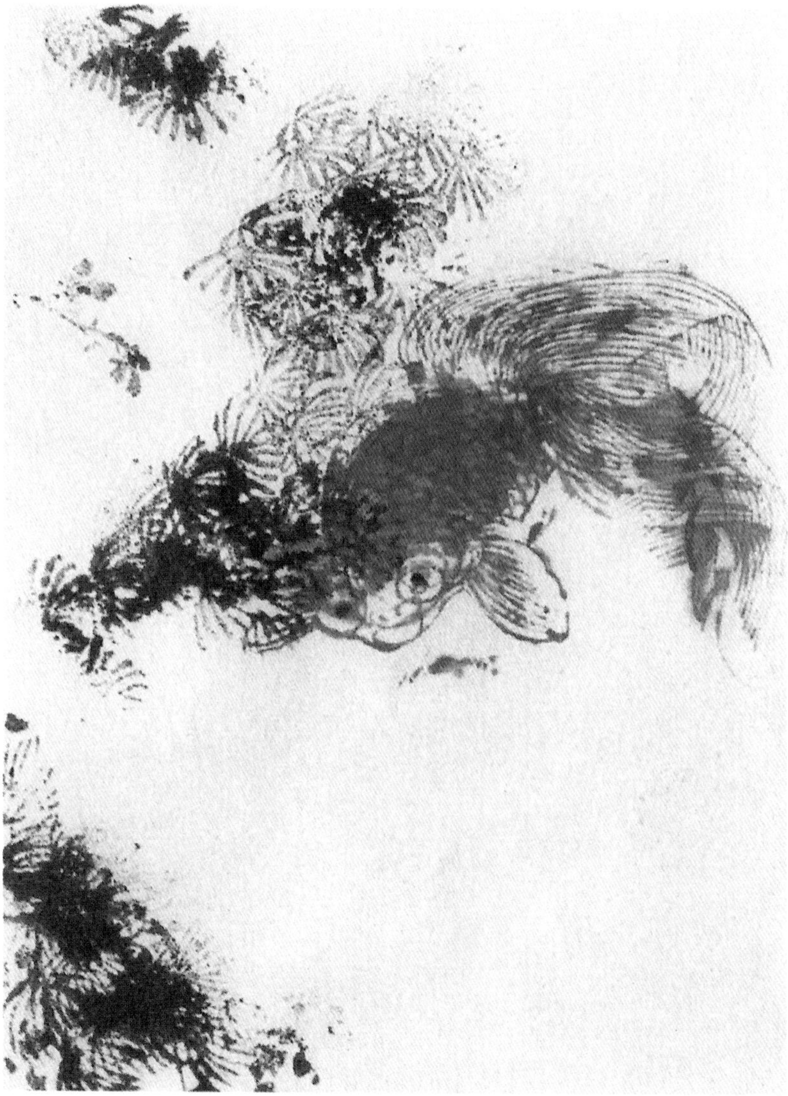

凡品两种

定基因

一九一八年，立志振兴农业的陈桢因学业出色，刚获金陵大学农学士学位即留校，出任育种学助教。该校前身为美国基督教会美以美会于一八八八年在南京创办的教会大学，与至今闻名美国的康奈尔大学为姊妹花，以文理农三科享誉海内外，该校毕业生可直接就读美国研究生院，教学水平之高可见一端。

作为农业大国，即使底层农民，也对育种有自己的心得，但教学过程点醒了陈桢，遗传学对育种有支撑力和主宰力，必须掌握。第二年，其以考取清华学校专科、获公费留学的机会，前往美国。

金鱼的基因之旅也随之启程，只待一个合适的契机，便会开始一场梦寐以求的基因判定。

入美第三年，陈桢开始随美国著名胚胎学、遗传学家摩尔根专攻胚胎学和遗传学，是摩尔根第一位来自中国的弟子。作为新晋的哥伦比亚大学动物学硕士，这样的不期而遇，使陈桢自此将遗传学纳入研究范围。

该怎样简介一下遗传学的起源呢？

一八五九年，由鸽子实验开启的物种进化论，随着达尔文《物种起源》一书的出版，风靡全球，吸引了所有生物学家的目光，为这个伟大发现激动不已。

该书出版第七年，奥地利布隆城奥古斯汀修道院神父、一所教会中学的自然科学教师孟德尔发现了基本遗传规律，过程说起来有些奇特。

为取得更好的育种效果，孟德尔用八年时间，从三十四粒不同品种的豌豆中，选出二十二粒性能稳定者，开始了育种实验。实验过程中体现出的某些特性，使其将实验方向调整为探索遗传规律。紫茉莉、玉米和紫罗兰等不同植物，也因目标转向迅速进入实验室，为探求遗传真相提供更多实验数据。

八年过去，生物遗传过程中的部分共性表现被发现，即后人总结的『遗传分离规律』、『遗传自由组合规律』。

一八六五年秋天，孟德尔将研究成果以论文《植物杂交实验》为题，在奥地利的一次自然科学年会上宣读，第二年论文公开发表。

遗憾的是，论文发表时，物种进化论的光芒正如日中天，孟德尔的研究思维又极先锋，就像梵高笔下的向日葵，因太耀眼而灼伤了自己，直至去世，也未能迎来自己的时代。

时光刚跨入二十世纪门槛，就有几位生物学家从各自的实验出发，证实了孟德尔的遗传规律，孟德尔的遗传思想霞光初升，其研究成果也分别以『孟德尔第一定律』（遗传分离规律）、『孟德尔第二定律』（遗传自由组合规律）被命名。因对遗传学的基础性贡献，孟德尔被尊称为『遗传学之父』。

遗传学是继进化论之后，科学史上的又一重大成果。面对这样的学术价值，摩尔根一改往日的怀疑之态，将遗传学纳入研究范围。

比起孟德尔的豌豆实验，摩尔根的遗传实验一直在果蝇身上进行。杂交和细胞学相结合的方式，是其选定的实验路径，陈桢学到了遗传学研究的方法论。

果蝇实验异常顺利，一九一一年，摩尔根提出『染色体遗传理论』，大意是：基因是染色体基本遗传单位，呈直线型排列在染色体上；染色体有时发生断裂，断裂时与另一条染色体上的部分基因互换。但基因无法自行其事，只能随染色体动而动，行动具有连锁性。一九二八年，摩尔根的《基因论》出版。

摩尔根的发现，既完善了孟德尔的遗传学说，也为遗传学奠定了理论根基，他的『连锁与互换定律』，被定义为『遗传学第三定律』。因对遗传学的重要贡献，一九三三年，摩尔根获诺贝尔生理学或医学奖，遗传学在两位大家身上起步了。

正当摩尔根为他的基因理论日夜奋斗时，因留美时间已到，陈桢于一九二二年回国。第二年，由金鱼开始的中国动物遗传学研究，在陈桢的实验室里启动。

选择金鱼是有理由的。相比达尔文的鸽子、孟德尔的豌豆和摩尔根的果蝇，中国最适合动物遗传实验研究的是金鱼：从外形看，金鲫和其后代之间千差万别，草种、文种、蛋种和龙种的市场分类，正是据金鱼外形不同而称，可谓争奇斗艳，样本丰富；从繁殖时间看，每年由春至夏的繁殖期，时间不短，一次繁殖有时可得子数千至万，方便实验；从繁殖方式看，金鱼为体外受精，得子方便易观察；从取样看，中国是金鱼故乡，全国各地多有分布，样本获取容易。

较之摩尔根的实验路径，陈桢多了一步，将统计学纳入其中，使实验数据更加清晰明确。

由于实验路径成熟，一九二四年，论文《金鱼的外形变异》发表，成为其动物遗传学研究的最初成果。三年后，《透明和五花，一例金鱼的孟德尔遗传》的刊发，震动学术界。一九三四年，《金鱼蓝色和紫色的遗传》一文，再受学界瞩目。孟德尔的遗传规律，第一次在鱼类实验中得到证实。

就在后一篇论文发表的前一年，陈桢编著了影响深远的复兴高级中学教材《生物学》，由商务印书馆出版，再版次数高达一百五十余次，也有记载为近一百八十次，成为一代又一代学子的生物学摇篮，而金鱼正是该书重要的案例标本之一。

鉴于陈桢在动物遗传学领域的世界声望，美国哥伦比亚大学向其伸出橄榄枝，邀其前往任教。

新中国即将诞生，新世界需废墟上重建，而『以学效国』是陈桢至死不渝的信念。儒家文化中长大的学者，对祖国自有血液里的忠诚，大洋彼岸伸出的橄榄枝，独自撤回了伸出地。

一九五四年，集合了陈桢三十余年实验成果、名《金鱼家化史及品种形成因素》的论文发表，再引学界震动，一九五五年编撰成书，由科学出版社出版发行。

正是这样一本书的问世，使金鱼家族的时间之旅，有了遗传学角度的说明书。

自《山海经》首次记载文鱼起，金鲫为鲫鱼后代的结论虽是共识，但两者间的基因关系判定，始终空白，该书第一次从基因角度，给出三点解释：

任何一种金鱼都可以与野生的鲫鱼进行杂交，杂交的后代有正常的繁殖后代的能力；草金鱼与鲫鱼的差别很小，仅仅是颜色上有红灰之分，行为上有畏人不畏人之分。胚胎和幼稚时期的单尾草金鱼和鲫鱼在形体上是完全相同无法辨别的；日本生物学家石原（Ishihara）等曾用金鱼和鲫鱼的血清做沉淀反应的试验，证明金鱼与鲫鱼是同种的。

历经漫长等待，金鱼基因之谜终得破解和定夺。

基因关系判定后，鲫鱼至金鱼的色、形、嘴、眼、鳍等各种变异，由此带来的品类划分，也被界定：

颜色：灰、红、黄、黑、白、花斑、蓝、紫、五花。

体形：狭长、圆短。

背鳍：正常、残背、缺背（龙背）、长背、短背。

尾鳍：单、双、上单下双、垂尾、展开尾、三尾、长尾、中长尾、短尾。

臀鳍：单、双、上单下双、残臀、缺臀、长臀、短臀。

腹鳍：长、短。

头型：正常狭头、宽头、狮头、鹅头。

眼：正常小眼、龙睛、望天眼、水泡眼。

鳞：正常不透明、透明、珠鳞。

鳃：正常鳃盖、翻鳃。

鼻孔膜：正常薄膜、绒球。

以上所记只是身体上各式各样的变异，按照一般玩赏家的习惯，金鱼可以分为许多品种，各有专名，通常分为以下各种：草金鱼（体形如鲫，单尾或双尾）、蛋鱼（腹圆，无背鳍，形如鸭蛋）、龙睛、朝天眼、水泡眼、墨鱼、蓝鱼、紫鱼、五花、绒球、翻鳃、狮头、鹅头。

相比宝使奎的大众分类法，陈桢的分类方式，今仍被部分业内人士所采用。

自金鲫诞生至金鱼家族崛起，其间的颜色之变最先令人瞩目。按陈桢的观点，南宋时记载的红黄、银白和花斑，明清时仍为金鱼主色；火鱼、赤鳞鱼、朱鱼和朱砂鱼等称谓，不过是红色深浅不同；其他种种之名，多为花斑别称。

从金鱼发展史的人脉看，南宋时主宰金鲫发展的是鱼儿活，既然乏文化，火鱼、赤鳞鱼、花斑等本色之称，实属必然。可这称谓不仅郎瑛和其朋友犯疑，明清时的文人、学者们更不可能容忍，味同嚼蜡，实难下咽，必以上述种种美名称之为快，既与金鱼天韵相配，也与文人风流等同，更深得华夏文化精髓，华夏国鱼形神之美终得注解，可谓另一种『天人合一』。

关于部分鲜见之色，陈桢也给出原因：

《朱砂鱼谱》：『盆鱼中其纯白者最无用。乃有久之变为葱白者，翡翠者，水晶者，迫而视之，俱洞见肠胃。此朱砂鱼之别种可贵者，但不一二年复变为白矣。』

《长物志》：『蓝鱼白鱼：蓝鱼翠白如雪，迫而视之，肠胃俱见，即朱鱼别种，亦贵甚。』

按以上两条记载，蓝鱼、水晶鱼只是一种透明鱼的个别变异。透明是这类鱼的普通特性。纯白、葱白、翡翠、蓝，是这类鱼的个别变异。在现在，这类鱼叫作『五花』……最早记载是一五七九年。

『日本研究出透明金鱼』等相关报道，近些年时常可见，不知详情者惊讶不已，陈桢从基因变异角度，早已给出解释。

尾鳍与色、眼、头等一样，是金鱼重要观赏器官。其中，尾鳍是否脱双成多尾，曾决定金鱼是否入格。但金鱼尾鳍之变与形、眼、鳞等变化不同，多尾基本由双尾而生。关于陈桢这一定论，可通俗解释：鲫鱼的尾鳍、臀鳍和腹鳍皆单而短，硬朗有力，为适应江河之水而生；早期金鱼据此进化，尾鳍和臀鳍单双皆具，各鳍也长短不一。种种变故，皆为与小水面相适，游动时不致身体失衡；双尾由单尾分裂而成，而单尾中部短，上下部较长，形成两片。因分裂深浅和片数不同，上下两片便呈三尾、五尾等多尾状，但尾柄未动，只尾叶演绎各种凹进，尾鳍原始结构并未改变，不过是『道生一，一生二，二生三，三生万物』；变长的臀鳍、腹鳍也不时为多尾添砖加瓦，尾鳍便因之千变万化，风情万种了。

既如此，双尾金鱼何时生？陈桢以两条证据给出时间：

最早记录双尾的是公元一五七九年的《万历杭州府志》。按照这条史料，明朝在弘治和正德时（一四八八—一五二二）还没有双尾，所以双尾是在公元一五二二年后、一五七九年前生出来的。双臀、双鳍的出现比较迟些。一六〇七年刻印的《三才图会》中有一金鱼图，图中有双尾金鱼一条。（见图九）

按陈桢说法，一五九二年前后，时称凸眼、现称龙睛的初状已现；一五九六年时短身金鱼已存在；一五四七年至一六四三年的九十七年（应为九十六年）中，金鱼家族除原有红黄、银白和花斑外，新增了五花、双尾、双鳍、长鳍、凸眼和短身。

这时的金鱼已近似现代品种，与鲫鱼比较起来很不相同了。

一七二六年出版的《古今图书集成·禽虫典》，有一金鱼图，图中之鱼有两条是缺少背鳍的，说明现在叫作『龙背』的鱼品在公元一七二六年已经出现了。（见图十）

金鱼引入他国时间为十六世纪初，但直至一七八〇年，一本介绍中国金鱼的专著《中国金鱼志》才于法国出版，书中的三十七幅插图，成为陈桢判定金鱼品类出现时间的又一证据：

此书著者 Sauvigny 说：『这些图是一位中国学者在北京画的。』本文以上所讲的各式鱼品多半可在图中看出。图中凸眼已叫作『龙睛』，短身圆腹的金鱼已叫作『鸭蛋鱼』。

自清时有『金鱼选种』之词起，新品问世时间大大加快，经陈桢总结有十个：

《竹叶亭杂记》中首次记载了墨龙睛、狮头两个新品种。《虫鱼雅集》中首次记载了望天龙、虎头（鹅头）、绒球三种。我在一九二五年的著作中首次记载了蓝鱼（常鳞的，不是水晶鳞）、紫鱼、翻鳃、珠鳞、水泡眼五个品种。自公元一八四八年《金鱼图谱》中有选择前代老鱼的记载后，至公元一九二五年的七十七年中，新添的金鱼品种有以上十个。

这样科学的系统梳理，在金鱼史上还是第一次。

金鱼在国内的地域传播时间，该书给出这样的框架：

《二如亭群芳谱》《鹤鱼谱》：『元时燕帖木儿（公元一三三〇年前后在世）奢侈无度，于第中起水晶亭。亭四壁水晶镂空，贮水养五色鱼其中，剪彩为白苹红蓝等花置水上。壁内置珊瑚栏杆，嵌以八宝奇石，红白掩映，光彩玲珑，前代无有也（解酲语）』……五色鱼可能是金鱼，水晶镂空可能是玻璃缸……

据此记载和相关更多证据，一三三〇年前后，金鱼已从江南传至京城。十六世纪初叶起，京城南部已是重要的金鱼养殖地和皇家金鱼供给地。

金鱼传入他国时间，该书也予以明确：传入英国为十七世纪末，传至欧洲各地为十八世纪中叶（均为双尾），传入美国为一八七四年。

盆养时代，引领金鱼风骚的，首推苏州的文人们，此时的金鱼也被笔者称为文人鱼。

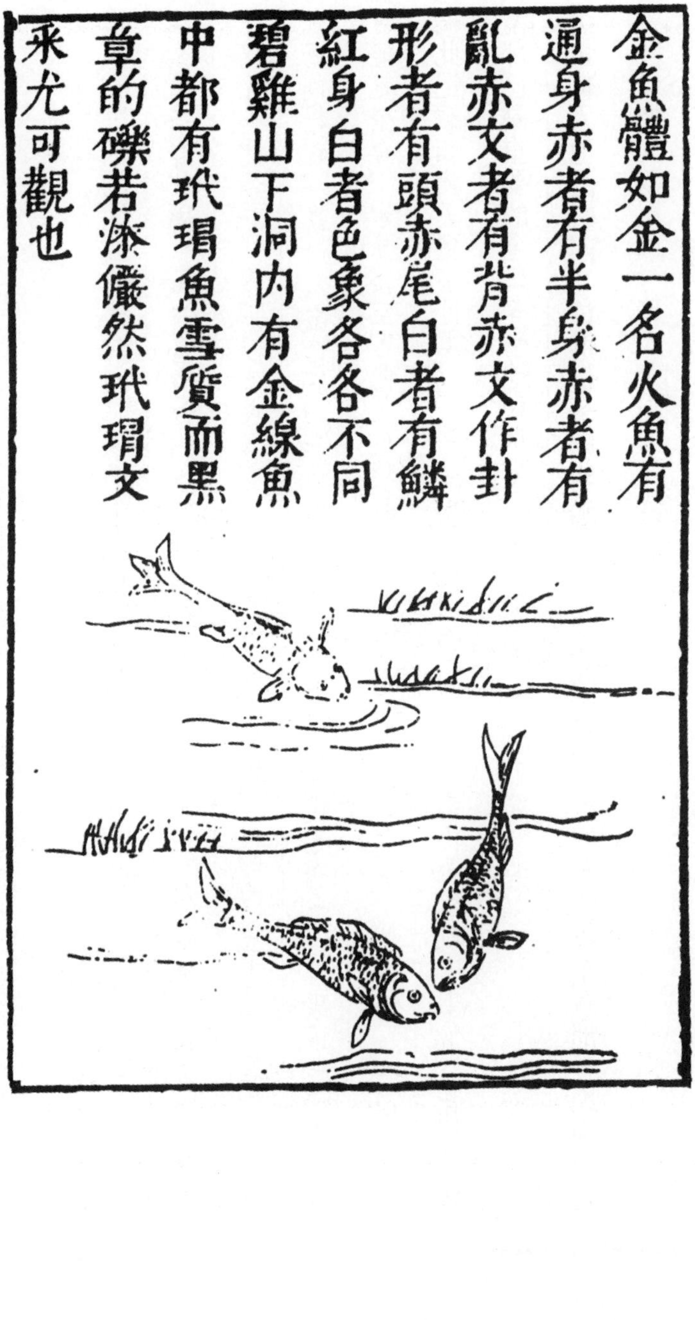
金魚體如金一名火魚有
通身赤者有半身赤者有
亂赤文者有背赤文作卦
形者有頭赤尾白者有鱗
紅身白者色象各各不同
碧雞山下洞内有金線魚
中都有玳瑁魚雪質而黑
章的皪若漆儼然玳瑁文
采尤可觀也

图九 金鱼图

（明）文献学家王圻及儿子王思懿著《三才图会》

图十　金鱼图

（清）学者陈梦雷等著《古今图书集成·禽虫典》

关于盆养金鱼，陈桢在书中记载了几则雅趣儿，可见金鱼灵性，读之忍不住发笑：

《虫天志》：『潘之恒亘史曰：「淮阳人蓄金鱼初以红白鲜莹争雄，后取杂色白身红片者。有金鞍鹤珠七星八卦诸名。分缶投饵。击水波鸣则奔呷鹭至。或合缶用缸白旗招之，各分驰如列阵然……」』

关于此典故，出生苏州、已逝的原上海文史馆馆员、民国时便被称为『报刊补白大王』的郑逸梅先生在其《金鱼能辨别旗帜》的典故中，说得更详细：

吴中有一位养鱼专家，他所蓄的金鱼，能辨别旗帜。一个鱼缸中，有红的、黑的、白的、紫的，浮潜在一起。只要鱼主人在缸面上，把红色小旗一摇，红鱼便上来接食；再把黑色、白色、紫色的小旗一摇，黑色、白色、紫色也都上来接食，有条不紊，从不出错，看的人都惊诧异常。后经鱼主人解释，其中一无神秘可言。原来他最初把各色金鱼分缸蓄养，每逢给食，必摇着旗帜：红鱼摇红旗，黑鱼摇黑旗，白鱼、紫鱼摇白旗、紫旗。经过相当时期，鱼便养成习惯，然后把各色金鱼合在一口巨缸中。摇红旗，红鱼自然上来，摇黑旗，黑鱼自然上来，白鱼、紫鱼也都能应节听命，不过训练须下一番功夫罢了。

今时有专家言经训练，金鱼可随乐列队而游，如德国维也纳随乐而舞的马。金鱼灵性极高的古言，绝非空穴来风。

历史在不同人眼里，常有不同解释，关于宋高宗在金鱼家化史上的贡献，相比爱鱼者的感恩和津津乐道，史家却给予鞭挞，陈桢的态度也清晰可见：

南宋时期的封建统治者是这样一种类型的人物：南宋的敌国——金，已经夺了长江以北的大片土地，并且把宋朝的两个皇帝——赵佶和赵桓掳去了。赵家的另一后代——赵构上台做皇帝，号称高宗。赵构逃到长江南岸，选择杭州作为都城，改名临安。《中国通史简编》中关于赵构说：『他是从头到脚，满身污辱的皇帝。他建立怯懦昏虐的小朝廷。他极力发挥对内压迫，对外屈辱的能事。』又说：『皇帝——赵构生性淫侈，不愧是赵佶的儿子。他在杭州大造宫殿，御花园多至四十余所……他年老退位，居德寿宫。养子赵昚借孝养名义，穷奢极侈，买他的喜欢。可是他并不满足，还要求新立异，任性浪费。他曾造大石池，用水银当水，池中满置金制鸭和金制鱼。』

《西湖游览志余》中有一段说：『高宗好养鹁鸽，躬自飞放。有士人题诗云：「鹁鸽飞腾绕帝都，暮收朝放费功夫。何如养个南来雁，沙漠能传二帝书。」高宗闻之，召见士人，即命补官』……金鱼的家化史就是在上述的这样一个时代开始的，家养的金鱼就是在封建统治者迷恋于玩养动物的时代起源的。

历史往往充满悖论，犹如宋徽宗赵佶，在国破家亡的耻辱中倒下，却在艺术史上站了起来！宋高宗与父亲一样，在历代史家的痛斥声中倒下，却在金鱼史上站了起来！

从金鲫基因之谜，到金鱼外形之变，再到水中第一郡望的崛起过程，陈桢以三十年时光为基，从遗传学角度给出解释，成为金鱼发展史上第五座里程碑。

这样的结果，既是金鱼之幸，也是所有动物之幸，没有这样的开始，中国的动物遗传学或较西方落后许多，陈桢因之被誉为『中国动物遗传学奠基人』、『中国现代生物学开拓者』。

小小金鱼催生的动物遗传学研究，在中国起步了。

从金鱼发展角度看，我更愿称陈桢为『成鱼者』。没有三十年与金鱼如影随形的潜心深研，金鱼基因并其进化史的求解，不知会等到何年何月，金鱼血统不知会否在某一天改了国别，这样的案例屡见不鲜。如今，『戍鱼者』先行一步，为金鱼锁定基因图谱，使所有国人踏下心来，不再为金鱼血统的安全担忧。

或许使命已经完成，一九五七年元旦后的一天，陈桢因病在京去世，年仅六十三岁，只留下金鱼在其实验室里独自怅望，默默哀伤。

在陈桢生前任所长的中科院动物研究所里，默默哀伤的金鱼在其去世后第二年末，迎来新使命：为一套即将推出的邮票设计提供模本。

设计者是谁？金鱼会成为方寸之地上的主角吗？

帝选妃

光绪五年（一八七九年），三国时吴国开国皇帝孙权之后、名孙家溎者降生。此时的中国正遭遇国殇，虽以勤学中秀才，却无用武之地，成了上海滩的小职员，后举家从祖籍慈溪（宁波下辖地）迁入宁波城内，定居天封塔前的莲桥街，在八百平方米的方圆之地上立足，该街为甬城望族聚居区。

显贵的基因使其自小嗜书如命，又由嗜书延伸至藏书，藏书高峰时近四百五十部、两万多卷，为甬城著名藏书家之一。虽与同城的天一阁相比尚存差距，但元刻本《隋书》、明抄本《蔡中郎集》、明抄本《圣宋名贤四大丛株》等珍本的抢救式收藏，使乱世中的珍本得以幸存，藏书家的功德等同。为给日趋增多的书籍让路，家人只能蜗居，孙家溎遂题匾额『蜗寄庐』，并自号『蜗庐主人』。

书香浸润着孙家溎的三个儿子，并使小儿子孙传哲自小得到真传，一九三〇年考入上海美术专科学校西洋画系，师从潘天寿、傅雷等名家。因学业出色，两年后被推荐至南京中央大学艺术系读研，师从徐悲鸿和潘玉良，西画和国画皆通。

时局跌宕，栖居上海，谋生不易，卖画和设计广告，成为孙传哲最初的职业。一九四七年，上海某报一则招聘广告吸引了他：中华邮政总局驻沪邮政供应处招聘一名绘图员。或许孙中山名号太大，『穿西装的孙中山』成为其应试之作，最终以专业实力获此职位。

这是其专业道路上的一次转折，画院毕业生没有沿画家之路走下去，却以画家的修养开始了邮票设计。

一九四九年十月八日，邮票纪1『庆祝中国人民政治协商会议第一届全体会议』上市发行，新中国第一枚邮票诞生。

邮票设计者为当代知名画家张仃、著名美术家并国徽设计者之一钟灵。强强组合的设计稿，以铅笔绘制形式被定夺，孙传哲受命在此基础上，完成版图绘制，孙传哲的行业地位初露头角。

新中国开国，新纪元诞生，华夏民族史上又一盛事。为纪念这一历史性时刻，开国纪念邮票进入设计环节，仍由张仃和钟灵联手。

遗憾的是，因试印效果与原稿有差距，加之画面视觉有些僵硬，与开国风采有落差，需重新设计，设计者改为孙传哲。

或许是书香门第的家学滋养，或许是绘画出身内功强大，新设计一改被弃之稿的横幅形式，以宽松舒展的竖幅构图，寓意华夏民族重新站立起来。画面之上，开国大典在一面迎风飘扬的五星红旗前重现，红旗、毛泽东、天安门、受阅者的组合，层层递进，极富层次。微笑的毛泽东如一缕春风，一个国度春暖花开，生机涌动，与开国大典交相辉映。作为开山之作，孙传哲风采已现。

一九五九年十月一日，新中国迎来第十个华诞。中华人民共和国邮电部决定推出『金鱼』邮票，借连年有余的内涵以示庆贺，设计者为时任邮票发行局设计雕刻室主任孙传哲。推出该邮票设想已久，受制于印刷能力，始终无法提上日程，一九五八年北京邮票厂的兴建，印刷制约终得解决。

以动物为邮票主角，中国邮票史上还是第一次，方寸之地上的水中国粹到底该怎么画？写实还是写意？实难定夺，更难的是怎么画出鱼的精气神。作为国鱼，金鱼之美国人尽知，如何画出共识且出人意料，考验设计者功力。

有言此前孙传哲已养金鱼；也有言设计金鱼邮票时，孙传哲爱上了养金鱼。无论哪种言论为真，设计者对金鱼名品了解不多，应为事实。从设计角度而言，首先需大量写生弥补。写生之前，还需具备理论常识，否则神韵难得。

民间养鱼专家成为其师长，知名鱼园成为其观摩处，之后，又来到中国科学院动物研究所、陈桢生前工作地，拜访知名生物学家童第周，以求大家指点。

童第周和陈桢一样，因专业需要爱上了金鱼，实验室里的金鱼名品，曾为确定金鱼基因而奉献，如今成为童第周讲解金鱼的标本。

这是一堂高水准金鱼课，设计者对金鱼的宏观认识有了基调，接下来就是如何体现。童第周又以一车金鱼为礼，为其写生提供模本。设计室内的水桶、脸盆等盛水容器，均成为金鱼临时栖息地，为设计者认识自己提供灵感。

或许受《红楼梦》金陵十二钗影响，邮票以全套十二枚的形式推出，最早成为共识，唯选美难度超越『朱鱼五十六钗』。面对家族『诗三百』和紧俏名额，以钗之美为标显然不够，必得再次『帝选妃』，入选者才可凭特质服人。

得力于专家团为后盾，翻鳃、黑背龙睛、水泡、红头等佼佼者，从层层苛选中脱颖而出，只待画家妙笔生花。

每日和鱼为伴，加之家学底蕴，画家骨子里的狂放大胆，终得金鱼神韵，写实或写意均被放弃，工艺鱼成为终选，终稿在各层面得以通过。

四色套印影写版的印刷方式，此时在中国邮票印刷史上还未有过，以其中三枚试印，找色定色，成为付印前的重要程序。

就在邮票即将付印时，意外插曲出现：有专家质疑紫帽子落选不科学，补入为好。从笔者角度看，紫帽子之色在家族中独具风骚，质疑应源自独特审美力。

在孙传哲出差外地、付印时间已近的情况下，由另一位知名邮票设计师刘硕仁补画，终得圆满。

一九六〇年六月一日，邮票特38《金鱼》以全套十二枚的形式，推向市场，成为第二个发行金鱼邮票的国家，先行一步的是日本。

方寸之地上的金鱼清雅而艳，矜持又狂野，与文人鱼异曲同工，好评如潮，至今被誉『全球最美金鱼邮票』。（见附录三）

晚行一步的鱼舞方寸，终未负金鱼故乡的身份，为水中国粹再增骄傲。

陈桢去世后的第三年，在另一位知名生物学家协助下，其昔日实验室里的金鱼助力设计者，完成又一使命，这样的传奇令人心生感慨：究竟是偶遇？还是千里姻缘一线牵？

在对金鱼妃子解读前，已故著名苏州籍作家、民国时『鸳鸯蝴蝶派』代表人物周瘦鹃的文章《养金鱼》，必得提及。

周瘦鹃的家名紫兰小筑，又名周家花园，从清代书法家何绍基裔孙手中购得，占地四亩，原名墨园。经周瘦鹃多年打理，成了墨香缕缕、闻名中外的私家园林。园中除入格古树和花草外，还有近千盆盆景竞风流。或许得了文化滋养，那盆景如一幅幅文人画，玉树临风，冰清玉洁，朱德、周恩来、叶剑英、陈毅等党和国家领导人，先后莅临观赏。

今人多有不知，当年紫兰小筑还曾锦鳞穿梭，风采不落园艺之后，周瘦鹃曾撰文《养金鱼》，对锦鳞盛景给予描述：

我在对日抗战以前，曾死心塌地做过金鱼的恋人，到处搜求稀有的品种，精致的器皿，并精研蓄养及繁殖的法门，更在家园里用水泥建造了两方分成格子的案式池子，以供新生小鱼成长之用，可谓不惜工本了。当时所得南北佳种，不下二十余品，又为了原名太俗，因此借用词牌曲牌作为它们的代名词，如朝天龙之『喜朝天』，水泡眼之『眼儿媚』，翻鳃之『珠帘卷』，堆肉之『玲珑玉』，珍珠之『斜珠』，银蛋之『瑶台月』，红蛋之『小桃红』，红龙之『水龙吟』，紫龙之『紫玉萧』，乌龙之『乌夜啼』，青龙之『青玉案』，绒球之『抛球乐』，红头之『一粤红』，燕尾之『燕归梁』，五色小兰花之『多丽』，五色绒球之『五彩结同心』等，那时上海文庙公园的金鱼部和其它养金鱼的人都纷纷采用，我也沾沾自喜，以为我道不孤……

遗憾的是，日寇进击苏州，先生带家人皖南避难。三月后归家，一切已天翻地覆：二十四盆中的五百多尾金鱼，全成了日寇盘中餐，多年心血毁于一旦，只能绝句一首，以表内心之痛：『书剑飘零付劫灰，池鱼殃及亦堪哀！他年稗史传奇节，五百文鳞殉国来。』

一位痴迷金鱼的吴地文人，自得吴地文人鱼的血脉，仅那浸润国风的鱼名，已是对文人鱼的传承，今难得一闻。先生曾以为『我道不孤』，今时来看，道孤久矣！笔者必得于书中呼吁，望更多世人知晓并牢记金鱼出身文人鱼，那才是水中国粹的真风流。

为保邮票原有风貌，笔者仍用原名给予解读：

翻鳃绒球：

鳃底外翻珠帘卷，鳃丝缕缕素朝天；鼻孔隔膜变异绒球状，随身慢舞水摇球；尾鳍薄如蝉纱，飘逸大气自风流；只叹珠帘如伤口，冷暖又有谁人怜！

黑背龙睛：

身黑如绒缎，唯头腹朱红表阴阳；眼珠外凸，如悬铜玲算盘珠，气宇轩昂。

水泡眼：

形如鸭蛋，尾鳍背鳍双且短，眼儿媚；眼角水泡高耸，均齐而称；泡膜薄如纸，泡液似琼浆，望眼欲穿；游时水泡轻舞，静时媚儿眼上瞧，好一番娇俏！

红虎头：

头顶玲珑玉，玉凹处现王字，气势雄强；色多红，又名红虎头，刚柔相济；尾短头重，游时虎踞深山，步履悠闲。

珍珠鱼：

头尖而小腹膨大，身形或圆或橄榄；鳞片如珍珠，亮晶晶；红珍珠身红珠白或米白，清雅俏丽。

蓝龙睛：

龙眼生风，通身深蓝或浅蓝；深蓝神秘，浅蓝淡定；游时鳞光闪闪尾鳍逸，风雅深邃。

望天鱼：

龙眼上翻喜朝天，最是无奈；万事凭嗅觉，艰辛备至，高寿堪忧。

红帽子：

身圆而阔，尾大且逸；通身俱红头豁达，头顶草莓喜洋洋；草莓红至鳃称狮子头，只红头顶身雪白名鹤顶红，必红得方正高厚；前者率性洒脱，后者清纯雅丽；寓鸿运当头，人见人喜。

紫帽子：

红帽子姊妹，红得发紫，沉郁瑰丽。

红头：

身形狭长脊背润，色白如玉，唯半个头顶朱红夺目，或头顶朱红至鳃，愈发娇媚；红白相映，清艳柔美。

花龙睛：

红白相间，白色铺底，落红穿行，恣意自由。

红龙睛：

头身平阔显大道，龙眼夺人身朱红，雄风熠熠；腹鳍三足鼎立，臀鳍双叶后扬；尾鳍漫卷舞东风，水中纵横龙图腾。

一九九五年四月的一天，年已八十高龄的孙传哲搭乘公交车时，意外跌倒，就此匆匆离开人世，四十余年的邮票设计生涯，戛然而止。

在新中国邮票设计史上，曾有四分之一邮票（一百五十三套）出自孙传哲之手，《中华人民共和国开国纪念》《中国古代科学家》《金鱼》《梅兰芳舞台艺术》《熊猫》等一批经典的问世，使孙传哲被誉『中国邮票之父』。

二〇一五年四月十八日，孙传哲百岁诞辰，故乡早已为之忙碌。蜗寄庐内的藏书经其长兄孙定观、侄子孙诗乐之手，已先后捐赠天一阁和宁波大学。因种种原因，房子曾易主，面积较旧时减半，原貌受损。为纪念在此出生长大的中国邮票之父，这一日起，修缮一新的蜗寄庐改称『孙传哲纪念馆』，对外开放，并为此推出邮票《瘦西湖》，票面采用其生前手稿，以此纪念一代先人。孙传哲以这样的方式，重回故居。

在中国科学院动物研究所并相关研究所里，对金鱼的研究仍在进行，实验用鱼提供者的名册上，一个已传承三百年的金鱼世家的姓氏，就在其中。他们是谁？为何三百年来对金鱼不离不弃，生死相依？

附录三　中国金鱼邮票辑存

翻腮绒球　黑背龙睛

4分
中国人民邮政
特38.12-1　翻腮绒球　(182)1960

4分
中国人民邮政
特38.12-2　黑背龙睛　(183)1960

水泡眼　红虎头

珍珠鱼 蓝龙睛

望天鱼　红帽子

紫帽子　红头

花龙睛　红龙睛

8分
中国人民邮政
特38.12-11　花龙睛　(192)1960

8分
中国人民邮政
特38.12-12　红龙睛　(193)1960

戍鱼者

在北京紫禁城（又名故宫）之南、天安门西侧，有一座占地二十三点八万平方米的园林式建筑，建筑南门前有七株粗壮的柏树，种植于辽代，历尽风霜，苍翠深邃，南门匾额上书『中山公园』四个大字。明清两代，这里曾是社稷坛，与太庙（今北京市劳动人民文化宫）一起，作为左祖右社，与紫禁城一道威临天下，成为皇权的象征。每一年，皇帝和大臣们都要在这里举行隆重、盛大的祭祀土地神、五谷神仪式，西周开始的祖制里，这关涉一年的收成。当清朝最后一位皇帝——溥仪退位，清朝覆亡，延续近五百年的祭祀也戛然而止。为纪念民主革命先驱孙中山，社稷坛由更名不久的『中央公园』改称『中山公园』，之后虽有变动，终复此名，为京城第一所公共园林。

朝代更迭，时事日艰，对金鱼的喜爱却无法中断。一九一五年，正值民国时期，公园开始为饲养和陈展金鱼做准备。

动乱中的金鱼业早已陷入萧条，鱼市也大受影响，获取金鱼的渠道只能是捐赠，《中山公园志》对此这样记述：『初时，金鱼为董事华南圭捐赠四盆，马辉堂捐赠十盆，即在南大门内以西、南土山以北空地设金鱼陈列处。』

这样的简陋，曾经的皇家重地从未有过。

两年后，六个水泥鱼池平地而起，十二只泥瓦鱼盆同时购进，五百五十尾金鱼随之而来。

『董事乐泳西年内赠送金鱼连同泥瓦鱼盆、木海数十盆及养鱼工具。同年还于金鱼陈列处以西修建暖洞两排，其中一排十间专门为冬季收养金鱼之用。以后，逐年添选新种，各界也不时捐送。捐送数量较大的有：一九二八年前门外右五区捐赠大小龙睛鱼四百七十二尾，同年东四三条王宅赠龙睛鱼八十三尾，一九三〇年十月王仰光赠龙睛鱼五十二尾，一九三四年潘季襄赠蓝花龙睛鱼四十尾……』

动荡年代的鱼脉传承虽脉搏微弱，脉象却明显，恢复强壮只是时间问题。

二十多年辛苦复育，昔日皇家园林里的金鱼盛景重现曙光。一九三五年四月十六日，『宫廷金鱼展』在中山公园拉开大幕。

京城金鱼史时间虽长，民众对宫廷金鱼之美却只有耳闻，少有目睹，爱鱼者、猎奇者纷纷前往，观者如潮，引起巨大轰动，为动乱年代的民心带来些许安慰。

为使金鱼陈列处更加整齐美观，改建于一九三八年再次进行。关于具体改建时间和用料，《中山公园志》的记录是这样的：『七月确定方案，新金鱼陈列处分四块摆列，中间做十字形水泥甬路，四周设水泥柱加铁管栅栏，四周甬路口设铁栅门。七月以后开始施工，计用一点二米长水泥柱四十四根，作外圈支柱，中间用小水泥柱三十六根，用铁管三百七十三米，定做铁栅门四扇。所用水泥柱均是园内瓦工自筑，铁管利用旧废料一百三十八米，新购二百三十五米。整个工程于当年十二月竣工，翌年春正式使用……』

历经二十三年，最初的简陋已难觅踪影，各色龙睛、蛋凤、绒球、龙睛球、红头、虎头、红帽子、蛤蟆头、望天、翻鳃、珍珠等金鱼游弋其中，高达二十一个品种一千零二十二尾，昔日皇家重地重现魅影。

或许为纪念此规模的到来，一九三九年四月二日，经公园第一百三十次委员会议决定：新建的金鱼陈列处取名『知乐簃』。（见图十一）

关于『簃』字，新华字典的解释为『楼阁旁边的小屋』。又经查阅，得知『簃』字多用于书斋名。中国四大知名古典园林之一、苏州网师园里以芍药闻名的『殿春簃』，当年

图十一 一九三九年建成的知乐簃

《中山公园志》

就曾是主人书斋。虽不知『知乐簃』的题名者是谁，但一定是位学养深厚、爱鱼并知鱼者。

这就是知乐簃，放眼望去，秩序井然，风雅端庄，与曾经的皇家气质浑然一体，隐现皇家气派，为昔日皇宫苑囿内的鱼园盛景，提供了巨大的想象空间。

养鱼不仅是体力活，更讲究技术，没有高超的鱼技为基，想得美鱼定是黄粱一梦。《中山公园志》里有这样一句话：『（金鱼）由养鱼工人徐国庆喂养，徐家住南城金鱼池，世代以卖金鱼为生，其祖上曾在清乾隆年间为宫廷代养金鱼。』

一个金鱼世家在一段简单的记录里，浮出水面，文中所言的徐国庆，已是该家族第八代传人。

徐家祖籍山东宁津，该地旧时多出焗碗匠，手艺远近闻名。徐家人自己也说不清究竟何时，何故，小小金鱼与徐家发生了联系，二者开始相伴相生。底层人的日子总是艰难，但金鱼之美安慰着一个家族的心。因坚韧和坚持，徐家金鱼渐在同业中出类拔萃。当乾隆帝见识了江南金鱼之美、感叹宫里的金鱼不够丰美可人时，一次得力引荐，徐家举族迁居京城，成了为皇宫代养金鱼的家族。

面对金鱼之美，乾隆帝大喜，如同为『花港观鱼』题诗一首，御题匾额『金鱼徐』。徐家进出宫廷者，还获赠朝服和腰牌。

朝服为宫廷官员的官服，按官品不同，配置不同颜色和纹饰。腰牌为进出宫廷的身份证，对普通民众意味着荣耀。

以养金鱼获此殊荣，这样的记录此前闻所未闻，此后也少见，金鱼徐由此美名远扬。北京金鱼池这一地名的问世，就因金鱼徐、金鱼张、金鱼牟等饲育金鱼为生的家族的聚居而得，至于金鱼池的原名，不做一番考究、不了解底细的人，倒是一无所知了。

京城人对金鱼的风靡，早已不亚于江南。『天棚鱼缸石榴树，先生肥狗胖丫头。』一句京城俗语，浓缩出大户人家的风韵。飞檐翘角的四合院里，春夏秋冬上演着这样的美景，加上鸽飞鸟鸣……今天的人们毋需浮想联翩，便贵妃醉酒般沉迷了。

此时的徐家吃着皇粮，拿着俸禄，虽累，日子却顺意。关于皇帝们对金鱼的态度，其祖上曾言不仅乾隆帝喜爱，康熙帝同样喜欢。

据相关记载，乾隆帝时的宰相和坤也很喜欢金鱼，养鱼方式别出心裁：在一正方二尺、琥珀雕刻、水晶为饰的书桌下，嵌入高二三寸的水晶抽屉，清水注入，绿藻多姿，几尾小金鱼穿游其中，景致之美，堪比天工造物！虽显奢侈，想象力之强及对金鱼的酷爱，深藏其中。

当徐国庆一名出现在中山公园的养鱼工人名册时，这个家族的第八代传人并族人因时局动荡，早已没了皇家供俸，自寻出路了，但与金鱼依旧形影不离，生死相依。

重要的是，为皇宫养金鱼，在源远流长的金鱼史上，代表着宫廷金鱼的血脉，金鱼徐也就等同于宫廷金鱼，一九三五年中山公园那场『宫廷金鱼展』，不仅是宫廷金鱼的对外展示，还意味着宫廷金鱼在徐家人手里血脉未断。

一九五四年十月，为回敬印度总理尼赫鲁赠予中国的大象之礼，中国政府在周恩来总理授意下，决定以双鹿、双鹤和百尾金鱼等回礼，为时年六十五岁的尼赫鲁祝寿，并通过尼赫鲁，将贺礼赠予印度儿童。周恩来总理曾言：『中国金鱼至美』。

『鹿鹤同春』又称『六合同春』，意指天地同春，万物欣欣向荣。金鱼既代表友谊与和平，也是吉庆有余的象征。

礼单上的百尾金鱼如水泡眼、玛瑙眼、红头、望天等十多种名品，就选自中山公园。

当金鱼作为国礼和鹿鹤一道、在细致的呵护下、落座飞往印度的航班时，徐国庆之子、同为中山公园鱼工的徐金生作为护鱼人，随代表团一道出使印度。

一九五五年一月三日，贺礼由中国驻印度使馆临时代办申健于印度总统府内，正式递交给尼赫鲁。而总统府内，一个为此设置、有假山和小河的花园，成为鹿鹤和金鱼等的临时栖息地。两张珍贵的赠鱼现场照片，成为徐金生最难忘的纪念：徐金生站在低头看鱼的尼赫鲁旁边，身穿中山装，意气风发。

令人意外的是，此举已不是徐家饲育的金鱼第一次作为国礼，乾隆帝曾将金鱼赠予来华的英国使者，那些鱼同样出自徐家人之手。

相比今天的国礼熊猫，与金鱼截然不同：熊猫以珍稀取胜，而金鱼代表华夏国风，表达的是和合世界。

『文革』来临，天赐美物进了『四旧』黑名单，中山公园的金鱼也未能幸免，结局可想而知。当无知者入园、即将对金鱼痛下狠手时，徐国庆心如刀绞，相伴几十年的小鱼即将一去不还，生离死别，他无法接受，却无力阻止，只能以一句『我离开后你们再动手』，与至爱之鱼道别。

离去的背影仍清晰可见，知乐簃里的金鱼就被连鱼带水丢入下水道，在看不见的污浊之地里消失了。皇家金鱼的血脉、中国金鱼中的许多珍品，自此不复人世。孟德尔曾将其亲自培育、用于实验的豌豆称作他的儿女，向来访者津津乐道。徐国庆也有过这样的时光，可惜未能持续。

直至离世，徐国庆再未踏进中山公园一步。

一九八三年，中国的改革开放开始不久，昔日皇家重地金鱼盛景复现，畅游在占地七千二百三十平方米、新落成的园区里。因鱼和愉谐音，园区取名『愉园』。

关于愉园，《中山公园志》这样记载：『整个景区坐北朝南，可分三部分：前部为庭园绿化区，中部为园林建筑金鱼观赏区，后部为金鱼养殖区。建筑为民族形式，采用中轴线两侧的均衡式布局，前面正中为重檐蓝琉璃瓦屋面八方亭，东为单檐筒瓦屋面正方亭，西为单檐筒瓦屋面长方亭。三亭各悬亭额，东亭「倚霞」，西亭「流云」，中亭「览翠」，由著名书法家陈叔亮书写。三亭以三十八间半壁廊相连，廊内粉墙上嵌有金鱼展窗三十四个，内嵌衬玻璃缸盛放金鱼供游人观赏。』

或许对金鱼想念太久，或许对昔日宫廷金鱼之美记忆过深，许多京城民众举家前往，一睹金鱼美景，回忆从前。

今天，中国正前行在重新崛起之路上，金鱼的春天也再次来临。查阅相关资料我们发现，金鱼徐因各种原因，在京郊顺义及河北衡水，均有身影和布局，只是相比乾隆年间、徐家鼎盛期的三百多个金鱼品种，如今只剩下六十多个，但对金鱼的热爱和坚守，始终如一。

相比祖上发家的京城，徐家在衡水的布局更大，徐家的第十一代传人里，已出现女性，堪称打破家族传统之举。与其让鱼脉险象环生，这样的选择已是最佳。

在报刊、网络、电视台等媒体上，经常可见徐家人对金鱼的各种发声，有喜悦，有抱怨，有担忧，有期待……但其坚持多苦也不能把祖业丢了，没法向祖上交代；不能让宫廷金鱼断了血脉；不能让金鱼像锦鲤一样，由中国传入，却成了日本的国鱼。

宫廷金鱼能否再复往日盛景，尚难判断，但有这样的戌鱼者，国人大可将悬着的心放下，只要鱼脉不断，即便薪火相传，有一天也可再次燎原，需要等待的，只是时机和时间。

就在笔者四处搜集西湖的花港观鱼老照片时，一张来自金鱼故乡、同学的家藏照，到达笔者手上。细细一看，顿时心沉：花草树木萧瑟凋零，水面小鱼稀稀落落，史料中的风韵荡然无存，不禁脱口一句：『国破山河在，城春草木深！』同学言：『民国时期的老照片。』（见图十二）

想起郑逸梅先生的掌故《南开劫火殃及池鱼》：『清宫颐和园中所蓄的金鱼都是外间稀有的品种，由太监专司其事，以邀帝王一赏。自从帝制推翻，各种金鱼死的死了，活的被人盗窃一空，无复本来盛况。此后北方谈到金鱼，大家都推南开大学所蓄的为最佳。舒尾似张扇，鳍彩斑斓，长至一尺有余，不在清宫之下。西洋学者前来参观，看到金鱼的奇丽称为「东方的圣鱼」。不料卢沟桥事变，敌人肆暴，南开文物，尽付一炬，无辜的金鱼，也牺牲在炸药弹火之中了。』

战争对美的摧毁是惨烈的，无论正义还是邪恶，即使幸存，也常遍体鳞伤。

新中国成立初期，百废待兴，西湖的花港观鱼逐渐无鱼，不知金鱼故乡的人们是否会因思念，梦里浮现金鱼的身影，才下眉头又上心头。

一九五八年，南派金鱼传人、世称『南姚北徐』的姚兴发被调入杭州动物园。关于这

图十二　民国时期的花港观鱼

魏德平　提供

段历史，由于时间久远，加之当时相关档案资料缺乏，无法做更多搜集和分析。幸运的是，笔者搜集到二〇一〇年二月四日杭州网转发的一篇文章，标题为《日本上月培育出透明金鱼，这种鱼杭州民国期间就有了》，撰稿者为杭州《都市快报》记者魏奋。

通览后，发现此文是对姚兴发并其徒弟、杭州水产技术推广站站长相建勇等的专访，文中所谈问题时间长，跨度大，涉及面广，可从中透视新中国成立后至近年的杭州金鱼史，笔者剪裁整理后，以自述形式予以摘录，大意如下：

姚兴发：姚家世世代代养金鱼，一九四九年解放后，园林部门找到我家，叫我们给公家养金鱼。你晓得为啥？花港观鱼里没有鱼了，这景点都没鱼，不是难看死了！我们一家就都去了杭州动物园。

我一去就是六级工，整个园里就两个六级工，工资比工程师还高，不用再讨生活，我就全心全意养鱼，一养养到一九七七年退休。

动物园最严时，一年规定要做十个新品种，几年弄下来，杭州动物园的金鱼在世界上不要太有名？彩色蛋凤、龙背灯泡眼、凤尾珍珠、翻鳃、绒球、紫色红头、狮子头、玛瑙眼、王字虎头、虎头龙背、虎头龙睛、玉印头……

那时候园里弄了本意见簿，让群众提意见，有些品种就是根据群众意见弄出来的。我记得有一条说：『一斤重的金鱼能不能养出来？』本来我们是讲品种，不讲究大小的，但群众有要求，我就养了几条一尺长、一斤重的金鱼出来。

还有条意见说：『狮子头有了，狮子滚绣球能不能养出来？』我们就把下颌有一对水泡的金鱼的一只水泡剪掉，另一只水泡想办法移到中间，也做出来了。游的时候，下颌的泡泡吐进吐出，像玩球一样。

还有个群众说：『搞一条三只眼的金鱼。』

勿要笑，我还真想养过，可惜『文革』来了。

当时园里为啥对金鱼嘎重视？因为园里一年开支一万八，基本上是从卖金鱼的钱里来的，各地三天两头有人来参观、学习、买鱼，我们光卖淘汰的品种，就把开支挣出来了。

一九五四年，我用紫鱼和红高头交配，弄出个鱼，全身都是浓紫色，头上肉瘤是鲜红色，开始我叫它们『紫色红头』。这种鱼非常不稳定，养上一段时间，紫色全褪成了红色，最后只剩下一尾雄鱼不褪色，纯种的。更稀奇的是，养了两年多，它相貌变了，嘴巴长出一圈黑色，眼睛上也出来一圈黑色，鼻膜也黑了一道，看上去有眉毛，有眼睛，有嘴巴，面孔像个小娃娃！

当时海疗的很多老干部喜欢来看鱼，走到鱼缸前，就看到一张小娃娃的面孔从水里笑嘻嘻地冒出来，老干部们欢喜地拍手说：『娃娃鱼来了！』后来一些老干部回北京，中央领导也晓得杭州有尾有鼻子有眼的朱顶紫罗袍，毛主席、周总理到杭州看金鱼，主要就是为了看它。

这条鱼我养了十二年，比茶杯口还要大。后来我下放到农场，没多久就急着叫我回去，朱顶紫罗袍病死了，肉痛啊！（见图十三）

记者：朱顶紫罗袍问世，轰动全国，金鱼爱好者们几乎将杭州、苏州、扬州、上海的紫高头金鱼抢购一空，以期培育出朱顶紫罗袍，但都没成功（朱顶紫罗袍具有新品种特征的子一代仅约百分之零点二，成长后正品就更少了）。

姚兴发：后来我和兄弟、园里的高级工程师傅毅远，又选育了二三十尾紫身红头的幼鱼，但长大后大多褪色，只剩几尾颜色不变的可叫朱顶紫罗袍，但品相上不是很像娃娃脸，那尾朱顶紫罗袍是最完美的。

这些年，各地都有人说又培育出了这个品种，但只能算是紫色红头，色泽稳定的几乎

图十三　姚兴发养了十二年的朱顶紫罗袍
魏奋撰文『日本上月培育出透明金鱼，这种鱼杭州民国年间就有了』配图

没有，一年不到就褪色了，即使有条把颜色不褪，也没有长出眉眼，不是娃娃脸。

我兄弟姐妹四个都养金鱼，我这辈子至少养出一百八十多个品种，可惜现在大多灭绝了，再弄出来，没个二十年想也不要想。

相建勇：我六七岁开始『玩』金鱼，我们叫玩，算民间玩家。上世纪六十年代到七十年代中期，杭州公家园林的金鱼全国第一，不用说了；当时民间养殖金鱼也很厉害，大狮子巷、菜市桥、望江门一带，还有下城区的南大树巷，就是现在的树园、艮园一带，民间养鱼很成气候，精品鱼也很多。

上世纪七十年代中期至九十年代中期，市花木公司有个叫百果园的金鱼养殖场，就是现在清波门海底世界这里，培育的精品鱼和出口销售额，都是全国顶尖的。还有玉泉的金鱼场，常年展览一些精品鱼，我这辈子见过最大的一条金鱼——四十五厘米长的鹤顶红，就是玉泉看到的。

那时候也是杭州民间养鱼的鼎盛时期，民间养鱼的起码四百多户，当时养鱼都用大缸，场地就在各家的天井庭院，也就三四十平方米，顶多二三百平方米。

民间和公家的金鱼一样好销：一是走外贸，省市都有进出口公司收购；还有就是外省收购。每年一到十月，全国各地的鱼贩子一窝蜂跑来杭州，到十二月底，各家各户除了几条留种的，基本都卖光，三四十平方米养养，一年收入也有三四千。我工作之余，最多的时候养过一百一十平方米的金鱼，那一年赚了一万五六千。

最近这十多年，杭州金鱼养殖的规模、数量，还算有所上升，但质量、价格都在下降。几万平方米的金鱼养殖场，规模算大了许多吧，但鱼价仍和二十年前差不多，而场地、水、电和成本比以前要高多少？许多金鱼场就靠养五六厘米长的小鱼赚钱，品种很低档，你到花鸟市场看看就晓得了，一两块钱一条，给小伢儿搞搞的，十二厘米以上的算大鱼了。而外地以前从杭州引种过去的，在当地政府扶植下，发展非常快，水平不比杭州差，这几年反而是我们要跑到福建和江苏淘鱼种。

记者：二〇〇二年西博会金鱼文化节，参展金鱼大都来自江苏，杭州本地已很难找到名贵品种了。

柏张春（滨江长河街道张家村金鱼养殖大户）：百分之七十的金鱼销到省内，百分之三十销到省外，出口早没了。从二〇〇〇年到现在，一直维持这个局面，已经很不容易了。

市水产技术推广站做过调查：杭州本地年产金鱼一千五百万尾，年产值七百五十万元，而杭州金鱼年流通量在四千万尾以上，销售额近四千万元。说明什么？都是外地金鱼。培育新种、做精品才赚钱，道理大家都晓得，做做不容易。政策和技术的支持、品种的拓展和销路，都要综合考虑。杭州金鱼为啥竞争不过外地？一句话，成本太高。一条十一厘米长的金鱼，假设我这里成本价一块五，河南运过来的只要一块二。那我养它做啥？河南调过来卖好不好？

该文还言中国政府赠予印度总理尼赫鲁六十五岁寿辰贺礼中的百尾金鱼，均由杭州选送。综观各种因素，最大可能为贺礼之鱼选自南北两大金鱼流派的代表性品种。因时间已逾半个世纪，主要当事人已离世，无法对史实做更多核对，特此注释。

二〇一二年五月十日，杭州《都市快报》微博上刊发一篇魏奋前往医院探望九十一岁高龄的姚兴发、并再次对其采访的文章，标题为《杭州金鱼世家传人姚兴发老人写了本书，他想让书问世》，因与上文有连续性，笔者仍以剪裁方式，将姚老之语摘录如下：

我不记得我有多少徒弟。一批批人来拜师，全国各地组织来的，到我们这里统一学习，一般是学一年回家，到了年尾，我还要给他们考试，通过了才能走，通不过的要继续学。

只是到了现在，我在杭州的所有徒弟、包括我的儿女，都不再养金鱼了。

现在我唯一的愿望，就是希望将我写的这本《金鱼的经营性饲养》正式出版。姚家世代养金鱼的经验，我一辈子培育新品种的心得，都在里面了，但愿在我有生之年能看到它问世。

遗憾的是，书籍出版始终无着落，老人却已与世长辞。

与仍活跃在金鱼界的金鱼徐不同，姚老家人无继承金鱼业者，南派金鱼传人的鱼脉就此中断。

当笔者为写此书与杭州动物园联系，并表达如姚老之书尚未出版，笔者可将其作为附录、载于我书之后时，来自动物园方面的回复是：『老人的一个徒弟早年出版了两本金鱼书，与姚老所言内容差不多，我们也准备寻找并购买；姚老的大儿子现在国外的女儿家，他说家里的金鱼资料已经不多……』

徒弟出书虽是好事，但与金鱼世家的鱼脉传承，终有不同。

金鱼故乡的戍鱼者在风烛残年，带着遗憾西去了。南派金鱼世家的名号，从此以历史记忆的方式，与金鱼和世人谋面，只留下老人亲手饲育的部分品种的子孙们，在杭州动物园金鱼馆里游弋。

本书将对这些子孙中的部分代表性品种予以辑存，以此纪念南派金鱼的成鱼者。（见附录四）

历史前行的脚步总是出人意料，史上名少见经传的福建金鱼，近些年异军突起，成为中国金鱼业的后起之秀，在国际金鱼市场声誉日美，以叶其昌等为代表的一批鱼技高手，成为新一代成鱼者。

为金鱼锁定基因图谱的陈桢先生曾感叹清末至民国以来，已甚少文人撰写鱼书，这一格局至今无改观。当笔者愿以文人、爱鱼者并成鱼者之姿，承续中国金鱼文化、接着说时，面对国人在西风中自信不足、审美眼光西化、鱼道日趋衰落、华夏文明重新崛起刚刚开始的现实，究竟该怎样通过对华夏金鱼史的研究，近八载家鱼史的积时感悟，对今日鱼道，尤其金鱼的品格，阐释自己的解读和思考呢？

附录四 金鱼故乡金鱼馆并部分金鱼图片辑存

杭州动物园提供

杭州动物园金鱼馆

玻璃花兰寿

11011

附录四

彩色兰寿

鹅头红

鹤顶红

黄高头

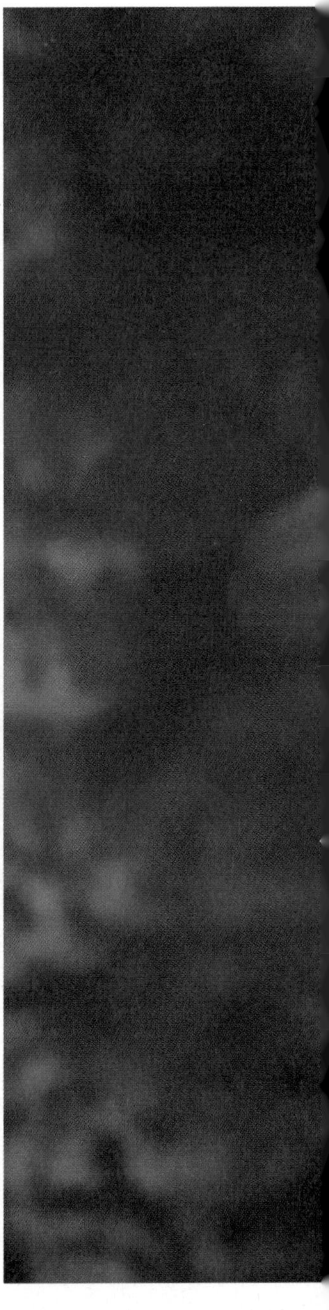

红高头

彩色高头

红水泡

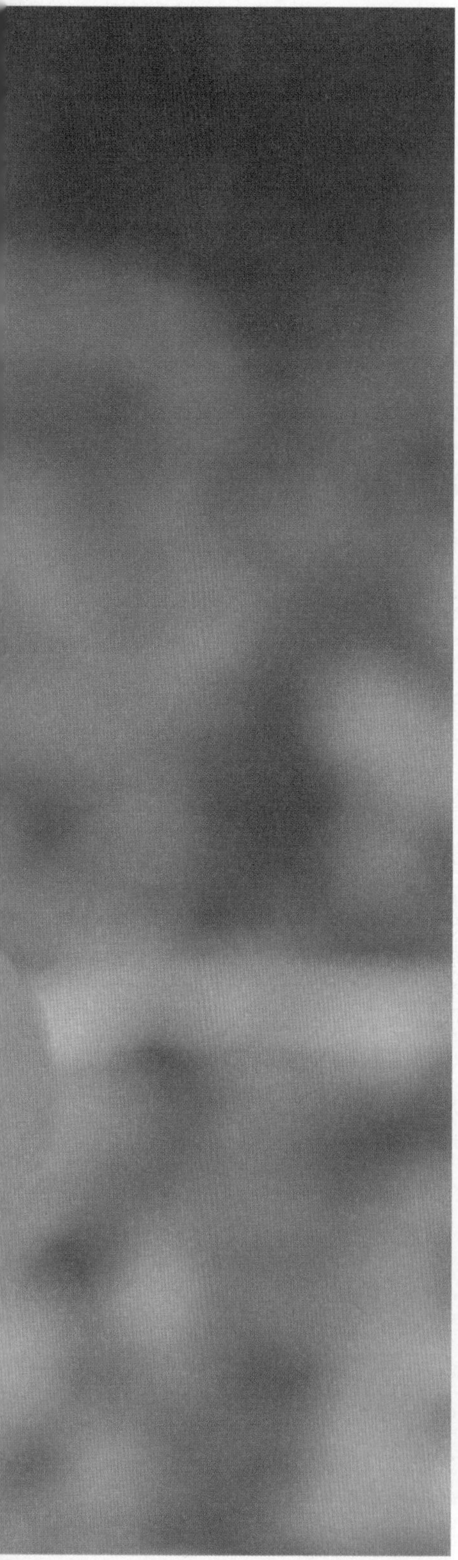

素色水泡

红珍珠

本色珍珠

红白花珍珠

红朝天龙

插旗朝天龙

红白花琉金

红琉金

紫鱼红球

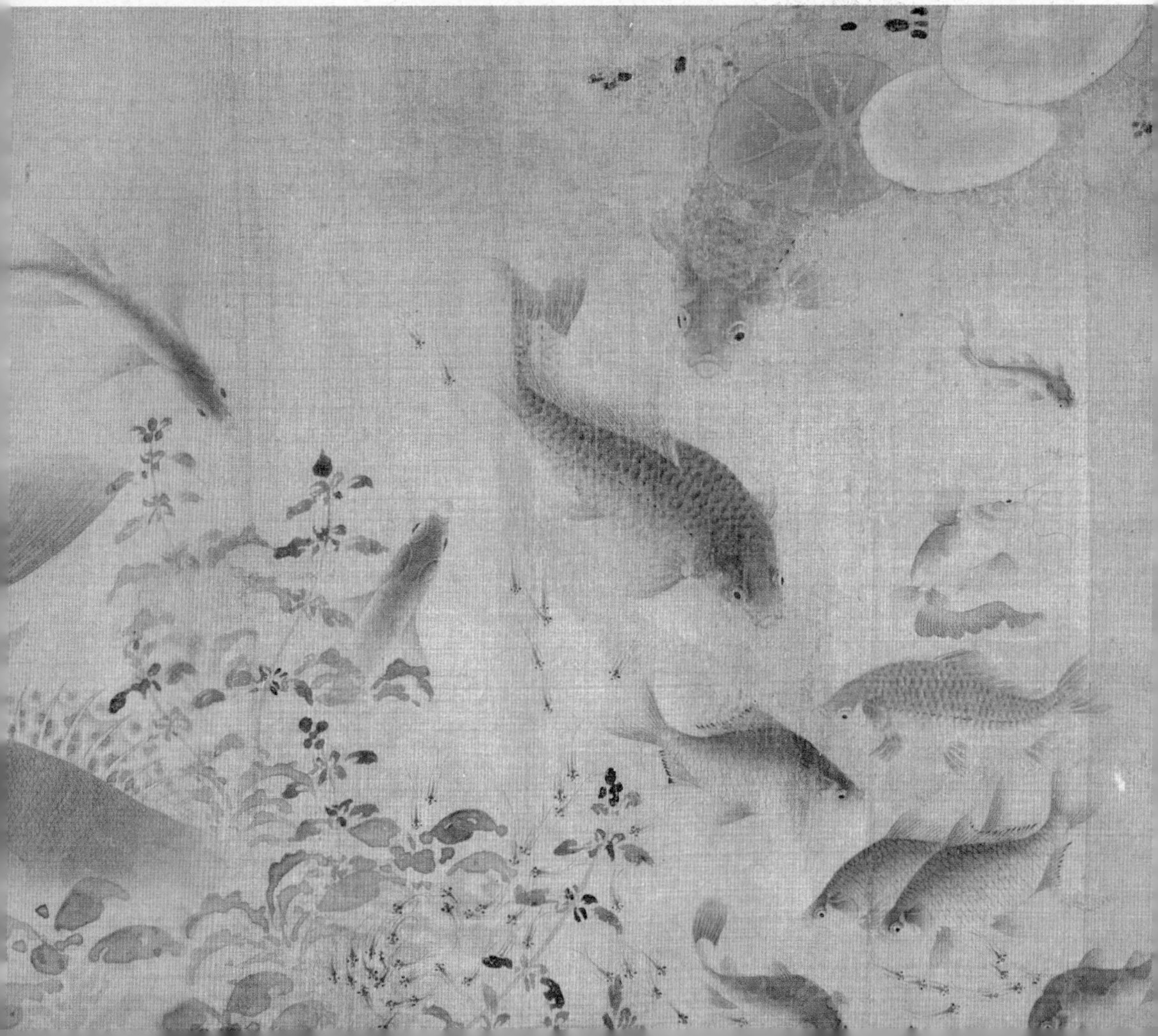

下篇

我戍金鱼

天地万物，各表其美，各有归属，却如山林老树，枝叶相望，根脉相连。

鱼在家里，作为灵长，自然为小鱼亲人，责无旁贷。但这需要心灵的成长，需要对人世、对众生平等有更深感悟：天地万物原为一家，相伴相生，难分彼此。

鱼有情，表达方式不同，细致观察思考，必有感应。

诗意栖居，含括天地所有。亲情相待，相望相守，天地之期，人伦之德。

美鱼先美器

当金鱼于被动中将性命交给人类时，便开始彻底脱胎换骨：从为适应江河之水而生的硬朗的短尾、有力的前鳍、臀鳍、背鳍等，到为适应盆池、耳勺之水而生的长尾、多尾、圆身等等，身体结构之巨变，均为与人类喜好相适，以与人类朝夕相伴。

这样的付出很少有人深思，人们一直忙着按自己的喜好，培育金鱼的模样儿，却忽略、忘记了换位思考，鱼喜欢这样的改变吗？

欣慰的是，当人们终于夙愿成真，一只只宽大水体的鱼盆或瓷，或泥瓦，或青铜，或木海，被置于家中的庭院或厅堂，既是为家有更大水面、将水为财的效用放至最大，也是为小鱼离开江河后，尽量舒适，有些许回归故乡之感。因讲究鱼盆愈大愈好，有些甚至称盆池。这样的相互成全，相望相守，才是『人与自然为一体』的古老哲学在华夏民族基因里的血脉相传。

今天，一个工业化、信息化和智能化并存的时代，昔日的一切已天翻地覆，坚不可摧的山河，也一点点换了容颜。为节约土地，为工业化提供最大可能，人们从居住了逾千年的青砖黛瓦、前庭后院的祖居里搬出，住进四处封闭、邻居乏往来的西式楼房，祖居和『远亲不如近邻』的古老风俗被弃之门外，风吹雨打，独自低吟。从与自然相伴相生，到与自然愈来愈远，在方寸之地上回味前庭后院里高飞的蝴蝶、低舞的瓢虫、星空下的葡萄园和喇叭花、邻里间围坐一圈谈天的笑声……这样的巨变，是华夏住宅史上的一次革命，心理重挫千古未有。

没有了前庭后院，风靡金鱼的人们只能在小小阳台上，冥思苦想，为金鱼寻求一方安身立命之地，却往往无果而终。更多时是小小玻璃缸、宽大水族箱对传统鱼盆的替代。瓷盆依旧，尺寸较以往大大缩小。近年流行的水族箱以超强的透视力，使金鱼的游动之美得以释放，人们纷纷按自己的喜好，设置箱内景观，或按卖家提供的样式，择满意者而归。作为家具链条末端，水族箱开始进入更多家庭，否则便有些不合时宜。

居住方式的变革，使养鱼容器由明代开始的盆养时代，进入水族箱时代。这样的巨变虽有待商榷，但家养金鱼的国风未因之断流，已是幸事。

我对华夏文化和传统深爱不已，对家养金鱼如家有河湖，更是虔诚有加。作为华夏阴阳哲学的一个分支，环境科学是对『天人合一』的承载，对自然的最高尊重，遵循和实践是最好传承。还有，我是写诗的，诗人总是对诗情画意情有独钟，对自然和万物之美歌唱不已，在灵魂里扎根，不受春夏秋冬限制，自由盛放或休养生息。我也热爱家居生活，对山水间的古老民居、苏州的小桥流水人家，钟情和向往不已：一只竹篮装满要洗的蔬菜或水果，在河水里反复清洗，洗净后，返身进屋，随时吃用，从不担忧有何污染……这样的生活才是适合人的。明末的苏州文人文震亨曾在其书《长物志》中，对华夏的诗意栖居给出定位，大意是：居山水间者为上，村居次之，郊居又次之。若不得已而居闹市，需以静庐隔喧嚣。必门庭雅洁，室庐清靓，亭台具旷士之怀，斋阁有幽人之致。又当种佳木怪竹，陈金石图书，令居者忘老，寓者忘归，游者忘倦……

面对居住闹市的现实，我决定先实现幽人之致，令居者忘老，游人忘倦。如何实现？一直是我最喜研究的问题。当工作不必再频频出差、有更多时间读书写作后，家养金鱼作为提升家居品质的手段之一，首先被提上日程，我和金鱼的生死之交，就此开始。

二〇一〇年七月，北京炎热至极似火在烧，却无法阻挡我让金鱼尽快进家的脚步。从东南到西南，穿过大半个京城，在玉泉营桥东的一个花市里，十多尾寸把长的小鱼被我挑中，卖鱼大妈称小鱼为草金，就是金鲫等金鱼早期品种，今人口中的金鱼多指此鱼，龙睛、虎头、红帽子等金鱼名品均直呼鱼名。因耐活，草金很受初学养鱼者并一般之家喜爱，也是公园鱼池的主要用鱼。

或许常年与嘈杂之声相伴，严重影响了卖鱼人的心境，金鱼如何养的诸多问题，被寥寥数语所解答，核心是养鱼毫无难度，大喜。一个二十公分的玻璃缸同时买入，又穿过大半个京城回到家。

一番清洗后，玻璃缸被置于客厅正中的茶几上，以求入门即见。未经晾晒的水被徐徐倒入（卖鱼人未强调水必晒过才可用），小鱼入内，一番急游后，逐渐安稳下来。面对心仪已久的景观，顿感客厅被画龙点睛，蓬荜生辉，灵动、祥和之气激荡人心。

二十公分缸和十多尾小鱼，生存空间之恶劣难以言说，但没人告诉我这样不行，适者生存的人生哲学，被贯彻于金鱼之身。

缺乏生存基础，自然难活长久，小鱼不断生来死去，寿命最长的一个多月。我跑花市开始频繁，终于有些跑不动了。一番总结后，确定养鱼是个技术活，只有热情离题万里，与其鱼苦人瘦，工作效率大大降低，不如从此相忘于江湖，各自安好。

决策已定，实施却难。金鱼之美早已入心，从心里取出绝非易事。既是国鱼，可见多数人可养好，我为什么养不好？难道养鱼比求解『一加一等于二』还难？既然不是，为什么要放弃？被誉『困难面前迎着上的人』，怎可如此处理问题？

感谢互联网，一位养鱼人『网上什么都有你看就是』的提示，使我的养鱼之路自此步入正轨。

『金鱼有眼睑吗？金鱼睡觉吗？金鱼知道痛吗？金鱼的记忆真的只有七秒吗？我的金鱼今天又挂了，是水的问题吗……』五花八门的网上设问，令我大笑不止，并确认如我等爱鱼者甚多，必须找到一条路，为众人答疑解惑。

同年十月，京城迎来一年中最美的金秋，凉风送爽，红叶飘飘，果实累累。我也改弦更张，在离家更近的花鸟鱼市里，将一个二十五公分的瓷盆买回家，华美典雅，赏心悦目。之后，将晒好的水缓缓倒入。五尾小鱼购买前，先在花市做了点调研，问了几家卖花人，问题就一个：『谁家的鱼最好？』『你的好指什么？』『养得住，不爱死。』『对面那家鱼好，买的人都说能养得住。』一番调研下来，一对三十岁左右的年轻夫妇的鱼店，成为金鱼来源。虽有鹅头红、水泡等入格者被店主推荐，草金鱼的质朴大气却一直打动我，耐活也是选择要素之一，这意味着精神强悍。缺乏精神高度的人或物，总令人心生遗憾。两块钱一尾、五块钱三尾的小鱼，可以想见有多小，但我素喜鱼苗，懵懵懂懂、天真无比的模样儿，更增三分天趣儿。最终，五尾小鱼以八块钱成交，一棵龙血树同时买回家。

小鱼的新居为客厅茶几靠近阳台的一侧，光线充裕。第二年春暖花开时节，瓷盆更换至三十五公分，并从客厅移至三面受光的阳台，放在龙血树下。

初入阳台那一刻，游泳者入水时一个大大的扎猛子，被鱼重演。这是鱼对光的喜爱和拥抱，我目睹了这一幕，小鱼再未离开阳台。二〇一一年八月，我因一次出差，走之前买了一只六十公分的泥瓦盆，沉稳有力，古韵悠悠。养鱼技术提升后，胆量渐长。因通风透气好，盆体水面大，小鱼入盆后不停地雀跃欢游，舒畅无比。我也异常高兴，养鱼一年，终得入门。

出差八天归来后，一盆水已在阳光照耀下，变得翠绿。绿水红鱼，鲜美夺目，养眼养心，自此成为我鱼肥人乐的权威方式。

二〇一六年深秋，在一位花市卖花人的指点下，我买到一只六十公分的澄浆泥鱼盆，由泥瓦盆传承人所做，名字就刻在盆沿上，盆肚似一面鼓向外膨着，如同出土的虎座漆器鸟架鼓。如获至宝，兴奋多日。

七年过去，小鱼已成大鱼，长近尺，丰美壮硕，神情丰富，见者赞美不已。再思盆和鱼的关系，感悟极深。

瓷盆，古雅、华丽、含蓄、静美，与青铜器、漆器、硬木家具、苏州古典园林等一道，成为华夏物质文明的重要代表，也是古今鱼盆主要品类之一。华夏民族对瓷的喜爱至死不渝，唯一的遗憾是尺寸愈来愈小，除厅堂局促等客观因素外，更多是人类对众生的关爱之心日益弱化。（见图十四）

图十四　瓷盆

一层瓷釉在道尽风雅的同时，通风透气也被阻断，盆体大时不显，盆体小时问题极大，犹如房子四周无窗，只一扇天窗与光和空气接壤，这样的房子久住必病。瓷盆同理，用其养鱼，只有水面与空气衔接，更多氧气无法导入，美的是居室和人，苦的是鱼，作为养鱼容器，终有缺憾。若用，尺寸以大为佳。

玻璃，由二氧化硅并众多化学物质熔融而成，绝佳的透视性使其成为镜子、窗子等的主要用材，与人类相伴已久。由玻璃制作而成的水族箱，多占厅堂半面墙或一面墙，犹如一片汪洋大海，怪石、珊瑚和海草水中飘逸，美鱼穿梭，江河之美尽显，人的精神如回远古，祥和轻盈。与此同时，养鱼人省时省力，只要灯光、过滤和氧气设备安置好，不需过多劳累，赏鱼即可。近年出现有机玻璃，一种新型硬塑制品，又称明胶玻璃或亚克力，亮度虽较玻璃略逊，但体轻不易碎，挪动方便，造价更低，已广泛应用于水族箱。

玻璃的缺陷比瓷盆更甚，瓷盆无论放置厅堂还是阳台，小鱼尚可与阳光、空气谋面，水族箱的光线却来自灯光，氧气来自氧气泵，与自然彻底割裂。这样的格局看上去很美，可这美、这舒适是属于人的，我们忘了替鱼想想，从纵情于江河之水，到囚游于水族箱内，这样的处境，与囚徒有什么两样！小鱼是否会难过？继而对人类失望和怨恨？人和鱼的生死之交，是否已被人演绎为自私自利？

质问的同时，我却又是理解的，一个各种压力集聚、身心俱疲、甚至扭曲撕裂的时代，抽出精力养鱼，多么奢侈的一件事！却依旧对传统风俗念念不忘，对水中国粹的喜爱念念不忘，只这一点，已该肯定，质问和责备也随之减轻。我也坚信随着时光前行，年龄增长，对生活和国风的理解不断加深，这部分爱鱼人的养鱼方式，会有所改变，唯一需要的是耐心等待。

泥瓦盆，取自黏土，烧制而成，青黑的色泽深沉而不抑，轻快而不浮，曾为华夏建筑主材。通风透气的天性，常体现为房顶长满绿苔、青草和野花，一阵风过，草动花摇，浪漫而诗性。这是一个时代的美景，深埋记忆，无法忘怀，至今仍在四合院或古建筑里，继续往日的风情。

通风透气的泥瓦盆，是小鱼最好的栖息地，入水而活，盆水易绿，鱼肥子壮。盆水无论春夏秋冬，净手感之，总是恒温，科学性无可比拟。

进一步看，黑盆红鱼，黑红相配，正是华夏阴阳哲学的体现，没有什么比这样的搭配更华美。『禹做漆器，墨染其外，朱红其内』的古老传说，不仅拉开了华夏漆器的瑰丽大幕，更使阴阳哲学成为华夏物质文明的主宰。明代硬木家具中的苏作设计，主要出自苏州文人之手，一个简单的S形、类似太极图的椅背，使阴阳哲学成为家具之魂，为一个时代的家具文化奠基，硬木家具由此成为华夏家具史上的巅峰之作，苏作正是这巅峰中的峰尖。

泥瓦盆曾风靡京城并黄河以北，虽有轻微渗水，返润而已，犹如古老水缸，唯有返润，方显用材正宗，空气内外流通才可实现。盆壁上浮雕的虎头纹和乳钉纹、莲花纹、福字纹、万字纹等祥瑞纹饰，最受华夏民众青睐。莲花是佛家圣花，金鱼为佛家八宝，这样的人随天意，必享天华。福字纹和万字纹，华夏器物上的古老纹饰，有福禄不尽、万福不断之意，吉祥喜庆。盆壁上的浮雕虎头，最受北方民众欢迎。虎，古之瑞兽，气势雄健，辟邪镇宅的祥瑞之意，使其成为泥瓦盆的首选纹饰。

这是我前年淘来的澄浆泥鱼盆，盆壁外的虎头虎虎生威；乳钉纹为几何纹的一种，体现的是柔美和生命之气。虎头和乳钉，一刚一柔，既威风凛凛，又温婉和美。青黑的色泽中泛着暗光，古雅大气。（见图十五）

此盆和普通泥瓦盆一样，出身黏土，历经反复淘洗，最终由沉淀底部的泥浆烧制而成，由于胎质细腻文雅，又称北方紫砂，与南方紫砂各表其美，是制作砚台、蛐蛐罐等小器物的上佳材料，大器物用得不多。以鱼盆为例，自挖泥、淘洗、拉坯、阴干等多道工序做下来，

图十五　澄浆泥鱼盆

历时七八个月，投入产出比严重倒挂，也因此成就了鱼盆中的上品。耗时长，享受日月精华就多，以我的实用体会，其还有保健功能，类似温泉，受病之鱼入盆后，可逐渐痊愈。

泥瓦盆有收口和敞口之分，爱鱼者各有喜好，从心所欲就是。比较而言，敞口盆与空气接壤面大，溶氧量更大；收口盆和空气接壤面略逊，溶氧量也略逊。但华夏民族自古讲究性格含蓄，话说三分，留有余地，收口盆正是民族性格的体现。收口盆的凹进处，常为小鱼藏身地儿，无论炎热寒冷，还是受惊害怕，这里都是小鱼唯一的避风港，利于其身心安宁。这样的内蕴和功能，必细心体悟，方可觉察，美鱼先美器，就蕴含其中。

将一只美器买回家吧，己所不欲，勿施于鱼。

将泥瓦盆放置阳台，沐浴阳光，微风吹拂，是鱼最大幸福，也是对鱼最大善待，万物生长靠太阳，鱼也不例外。阳光消炎杀菌的天力，还是鱼最好的保健，常年沐浴阳光的鱼体质强健，极少生病，如其他因素致身体不适，鱼也有相对强悍的抵抗力，或在阳光与风的呵护中，逐渐痊愈，只是时间稍长，但不伤鱼体，没有什么比这样的方式更好。

更重要的是，光照充裕易得美鱼：鱼体色如辰州，又如朱砂，黏膜细腻油汪汪，鱼鳞根本看不见，日久出落得面如天姿，一副宝相，这就是传承了几百年的古法养鱼。当年我买鱼时，还不知品相一词，看着健康无外伤就买回家来。几年过去，当我因欣喜而在朋友圈频频晒鱼时，『大肥鱼』成了家鱼的总称，几个同学和朋友甚至认为我家鱼身形丰美，看着贵气，灵气四溢，价格一定不菲。当我故作神秘，最后忍不住告知他们两块钱一尾、五块钱三尾时，我们同时大笑起来。（见图十六、图十七）

如安放阳台实在有问题，再考虑将其放入客厅。泥瓦盆能否与客厅相配，取决于做工是否精致。我曾为辨别效果，将鱼盆放置客厅近阳台一侧，鱼在水中游，石子盆底卧，几片绿萝水面漂，古雅轻盈，与家具相映成辉。

鱼盆原为庭院之物，放置客厅，盆内布局就需多费心思，考验一个人、一个家庭的审美力，功到自然成。总之，鱼盆无论放置何处，必须接壤光和风，否则鱼必百病丛生。

鱼盆安放还应考虑四季皆宜，位置更换过频，如人经常搬家，不断处于适应过程，心难安稳。鱼也一样，身体和心理都极不适应。我家鱼盆自入阳台后，一直放置同一地点，只于盛夏前后稍作移动，一直未离龙血树下。小鱼畏日，必令其感觉阴凉，既为小鱼赢得

图十六、图十七　大肥鱼

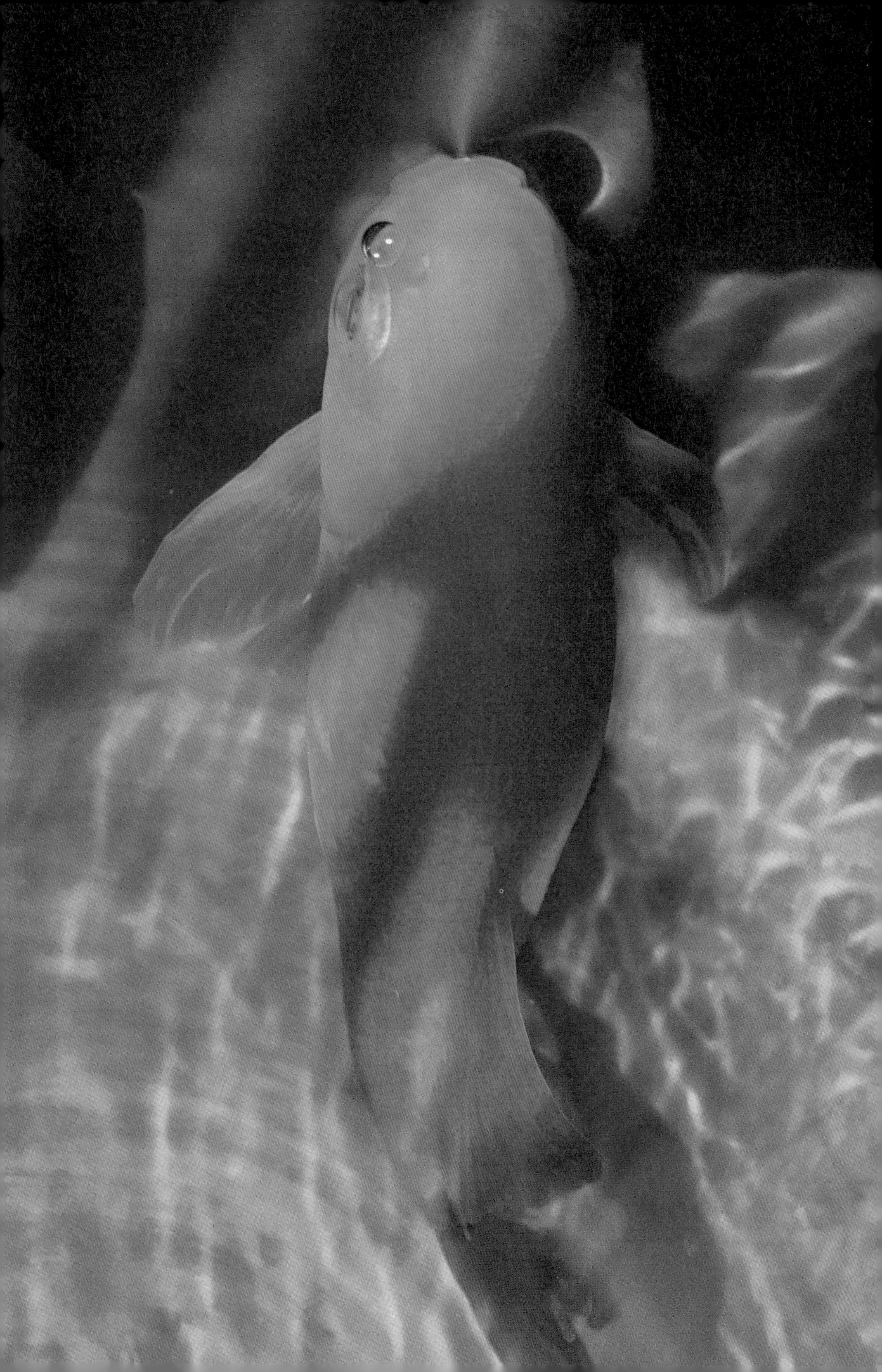

舒适环境，又减轻鱼盆对同一地点的重压，初秋一到，复归原位。

小鱼性喜安静，鱼盆放置应避免嘈杂，否则身心受损，难得高寿。

泥瓦盆可形成天然的生态循环系统：光和鱼粪促使盆壁内生绿苔，鱼饿时可吃，游动时可免伤身体，是小鱼的天食和保护层；绿苔释放氧气，增加盆内氧气量，同时消解鱼粪中的氨气，使水质更加肥沃纯粹。至于绿苔夜晚和鱼争氧，只要鱼放置密度稀，可忽略不计。

作为副产品，养鱼之水还是天然的生态肥，用其浇花，叶绿而亮，花壮且艳，成就科学的生态养花术，这就是古法养鱼生态链。

美鱼先美器不仅指鱼盆，还指和其配套的鱼捞、氧气泵、过滤泵、吸水管等等。泥瓦盆底部不平，过滤装置无法用，这正是其优势，大大减轻噪音对鱼的伤害。瓷盆、水族箱安置过滤泵时，定要选择功率相同而噪音最弱的，使噪音对鱼的伤害减至最小。

氧气泵是鱼盆里又一重要器材，选择标准理同过滤泵。我家小鱼养至三龄时，一个电池原理的氧气泵进入鱼盆，一点二瓦，无论泵机还是气头，声音都很微弱。又二年，鱼大了一圈，两个一点二瓦的氧气泵在三通的串联下，为鱼补氧，声音较之前稍大，相比同类产品，已是优级。

器材所用管线最易被忽略。我第一次买氧气泵时，因缺乏经验，将一根环保度不够的配套管线买回家，发现问题后，立刻去卖家更换。店主是个通情达理且伶俐的女士，笑言『从未有人这样要求。』我也笑着回答说：『我就这样要求。既然爱鱼，为什么要将劣质管线给它？天天泡在鱼盆里，对水肯定有污染，鱼不会说话，难道主人不该为它考虑周全吗？』店主随后将一根日本进口管线送给我，淡绿色，质好又漂亮，悬着的心终于放下，为鱼高兴，和店主自此成了朋友。

鱼捞，无过滤鱼盆和鱼打交道最频繁的器物，一两块钱的小东西，买到精致品并不容易。小鱼黏膜娇嫩，稍有刮蹭，黏膜即伤，久久不愈，成为细菌侵蚀鱼体的突破口。买时定要用手反复检查，确认无毛刺后，方可买入。

养鱼必得鱼具齐全，装鱼粪的小盆、晒水的桶或盆、为鱼倒盆时用的大鱼捞等，均需精致多备，以满足各种情况所需为佳。

对美鱼先美器的理解，从未像现在这样深刻。当我为写此书，对金鱼历史进行全面研究后，上文所言澄浆泥鱼盆被正式命名为『品贤盆』。有鳞之物，古言下等象，却可做到人见人喜，如凤凰如佛祖，只这一点，除去大贤，有多少人可比？大贤在盆内，必以『品贤盆』相称，才可一表敬重。

上文所言经调研后买的五尾小鱼，最后剩下三尾，当鱼盆命名为『品贤盆』后，三尾小鱼也有了学名；龙红、龙月和龙星，俗名团团、圆圆和小爱。学名是对天赐美物的感悟，俗名是小鱼秉性的写照。（见图十八）

金鱼虽多，有名者少见，我愿以命名的方式，让三鱼青史留名，以此启发更多人思考人与自然、人与众生的关系。我也信奉阴阳家的一句话：动物们来到家里，都不会无缘无故。这是我和小鱼宿世的缘分，珍惜和善待，是灵长的责任和义务

『品贤盆』诞生后，敬畏之心油然而生。

万物有灵，众生平等，大贤无边界！

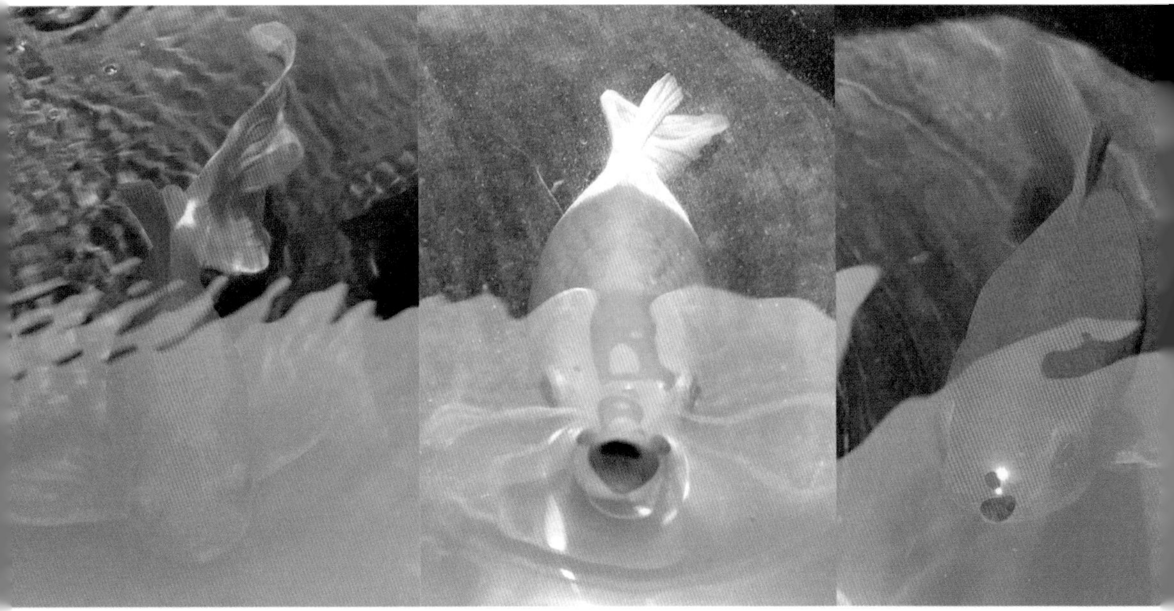

图十八　左起依次为团团、圆圆和小爱

上善若绿水

《道德经》，道家学派代表作，老子所撰，该书第八章有这样一段话：『上善若水。水善利万物而不争，处众人之所恶，故几於道矣……』大意是：符道体之人均如水，水善于润泽万物，却不与万物争短长。水总是去往众人不愿去的低洼地，这种品德最接近道。

相比上善之水，养鱼之水理同，不同处在一个绿字，上善若绿水。

江河之子，因绿而生，因绿而长，没有什么比母亲河的水性更熟悉，更令其亲近和眷恋，因此，绿水养鱼，鱼易活而肥，更接近鱼道，正如《朱砂鱼谱》作者张丑所言：『取江湖活水为上，井水清冷者次之。必不用者，城市中河水也。』

改革开放后，中国在工业化的号角声里，向着工业社会、信息社会、智能社会飞速前行，一日千里。可是，工业对生态的破坏有目共睹，青山绿水、青枝绿叶的牧歌时代，只能栖息记忆，即使最偏远的高山大川，也多因工业废料和空气污染，不复原来的光鲜；东北的林蛙因林地污染，逐年减产；雾霾笼罩多地上空，蚕食人类肌体……保护生态关涉子孙繁衍生息。

面对和鱼生死攸关的水，即使毗邻江河也难取用，井水难得一见，古时最不可用的城市之水，已是必用，没有选择。

既然心仪之水一去不还，对自来水进行晾晒，去除氯气等有害气体，就成为选盆外的又一要务。

将新买的泥瓦盆放置阳台，向阳而居、与风接壤后，需先用水将盆体内外擦洗干净，再用去皮芋头轻擦盆体内壁，擦透为止，意在去除火气，否则伤鱼。一天后，对盆体再次注水清洗，然后倒入新水晾晒，水熟后就可养鱼了，既节省时间又不伤鱼。

另一略小盛水盆需和鱼盆并放，只为水温相同。阳台窗、阳台柜等与光接触更紧密处，应成为各种容器的晒水地，可尽快将水晒透晒好，否则急用时供应不上。

何谓透？何谓好？答案是水面晒出气泡为透和好；净手后小指入盆，感觉水温很高，也可用；不温不火最可怕，以为晒好，实则不然，万不可用，鱼置身这样的水里，百病丛生，郁郁而活，寿命堪忧。

我养鱼之初，小鱼生来死去，盆质原因之外，有害之水是最大杀手。

上文说过，我曾不知水必晒好才可用，小鱼每入玻璃缸后，总是一番急游，兑水时又是一番急游，还以为是鱼大喜过望，游得欢呢。一次外出坐在地铁里，和邻座女孩聊起养鱼之道，女孩言其父养鱼多年，水必晒得冒泡才是晒好。鱼在水中急游不是大喜过望，而是在挣扎，以求适应根本无力适应的水。『什么？原来是这样？』我惊讶得几乎叫起来，一阵痛心。鱼啊，你们来家时那么小，本期待主人精心饲育，以求好活，没想到主人养鱼技术为零，离世已是必然。我不敢回想小鱼究竟离世多少，五六十尾是有的，我为此谴责自己多次。记住，做任何事之前，都该对此事有细致了解，对因果有精准预判，否则失败无疑，伤及它命更是罪过。

我的养鱼用水自这次交谈起，得到正法，水害大大减轻。

总之，晒好之水有柔软之感，犹如温柔之性，润人润鱼。但冬夏两季，水温要求不同，新水应上下浮动一两度，鱼可安好。

水晒好后，倒入鱼盆，水放几分，视季节而定：冬冷夏热之日八分左右，冬为避寒，夏为避暑，鱼在水底，可得安宁；春夏、秋冬交替之日，气候变化频繁，最难将息，盆水宁多勿少，为鱼提供御寒层，鱼冷时可藏身水底，防病为主；气温恒定的其他时光，盆水六七分即可。

盆和水相安后，将鱼轻放盆中，自在游玩儿。可是，选何种小鱼入盆，实为又一要务。每年清明至夏，是金鱼繁殖季，无数金鱼后裔亮相人世。待其长至三到六月，品种特征初显，购鱼者从心所欲就是，多以鱼盆或水族箱中游动于中上部、抢食争食、喜群游者为佳。初学养鱼者可优选草金，因其天身健全，天韵风流，生命力强悍，易养易活。待鱼技提升、明晓鱼性后，再养名品不迟。

新买之鱼，必在小盆中停留几日，观察有无病鱼病害，一清二楚后方可入盆，养鱼正式开始。

泥瓦盆内不可入盐油，损害盆体和水质，切记。

没有什么比阳光照耀、微风吹拂更美的事了，它们是小鱼亲人，绿水催化剂，小鱼沐浴其中，身壮色艳。盆水见光很快变绿，葱心绿、翡翠绿、祖母绿，代表绿水不同阶段。

水绿，意味着盆壁绿苔也在生长，是鱼盆通风透气的最大标志。绿苔可食，鱼最熟悉和喜爱的味道。水绿苔鲜，水质来到最好时期，小鱼身意舒畅，无声而歌。若苔老去，定要和鱼粪一样，全部清除（冬日需留苔茸），等待新苔再生，否则苔老鱼难食，空有苔样儿。

『鹅，鹅，鹅，曲项向天歌。白毛浮绿水，红掌拨清波。』唐朝大诗人骆宾王七岁时的一首诗《咏鹅》，将孩子眼中绿水白鹅的游姿之美，给予天籁之咏，绿水红鱼如被同时咏唱。与骆宾王同为唐朝大诗人的白居易，曾任职杭州和苏州刺史，对江南雅韵自有亲历，离开江南后的组词《亿江南·江南好》，将江南之美及思念之情写得深入骨髓：

江南好、风景旧曾谙；日出江花红胜火，春来江水绿如蓝。能不忆江南？

江南忆，最忆是杭州；山寺月中寻桂子，郡亭枕上看潮头。何日更重游！

江南忆，其次忆吴宫；吴酒一杯春竹叶，吴娃双舞醉芙蓉。早晚复相逢！

对江南之美了如指掌的人，对诗中风韵无不感慨万千。曾任职江南的诗人尚且如此，出身睢水、东南流注于江的金鱼，对江南味道的思念，只会比诗人更甚。绿水养鱼不仅鱼大而肥，而且意味着鱼置身祖籍和故乡，这样的水，怎一个绿字了得！（见图十九、图二十、图二十一）

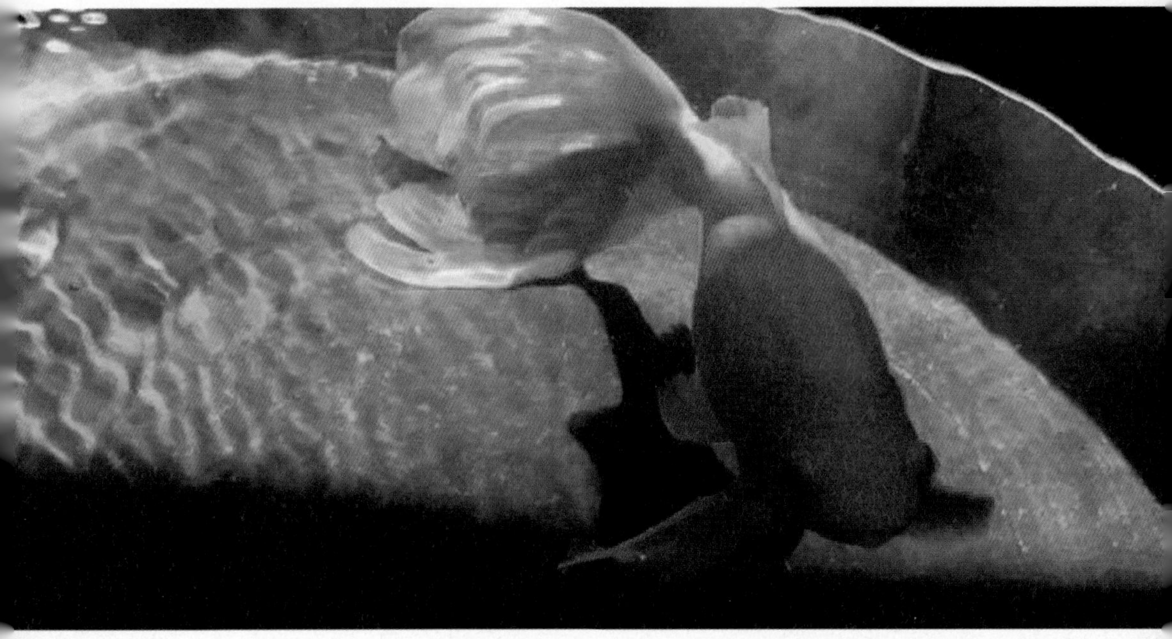

图十九、图二十、图二十一
置身绿水小鱼身意舒畅

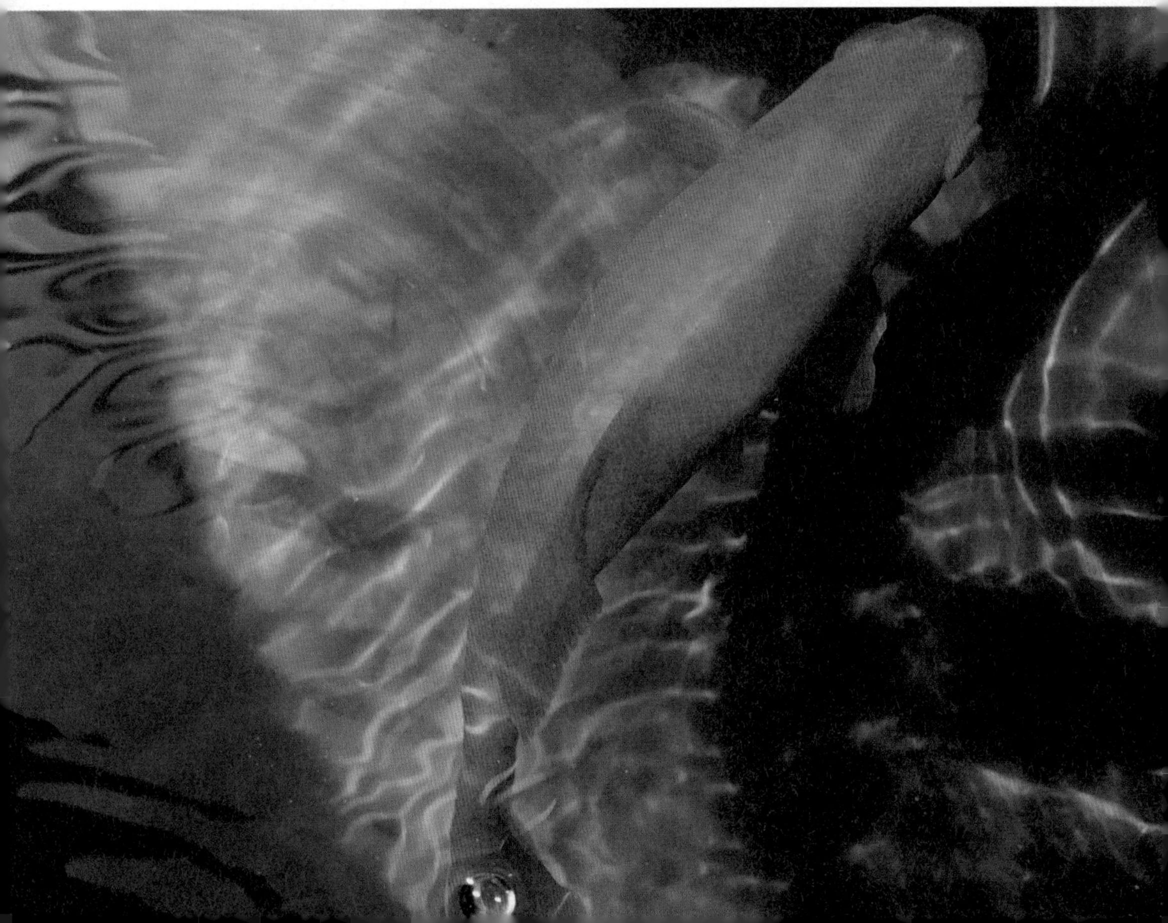

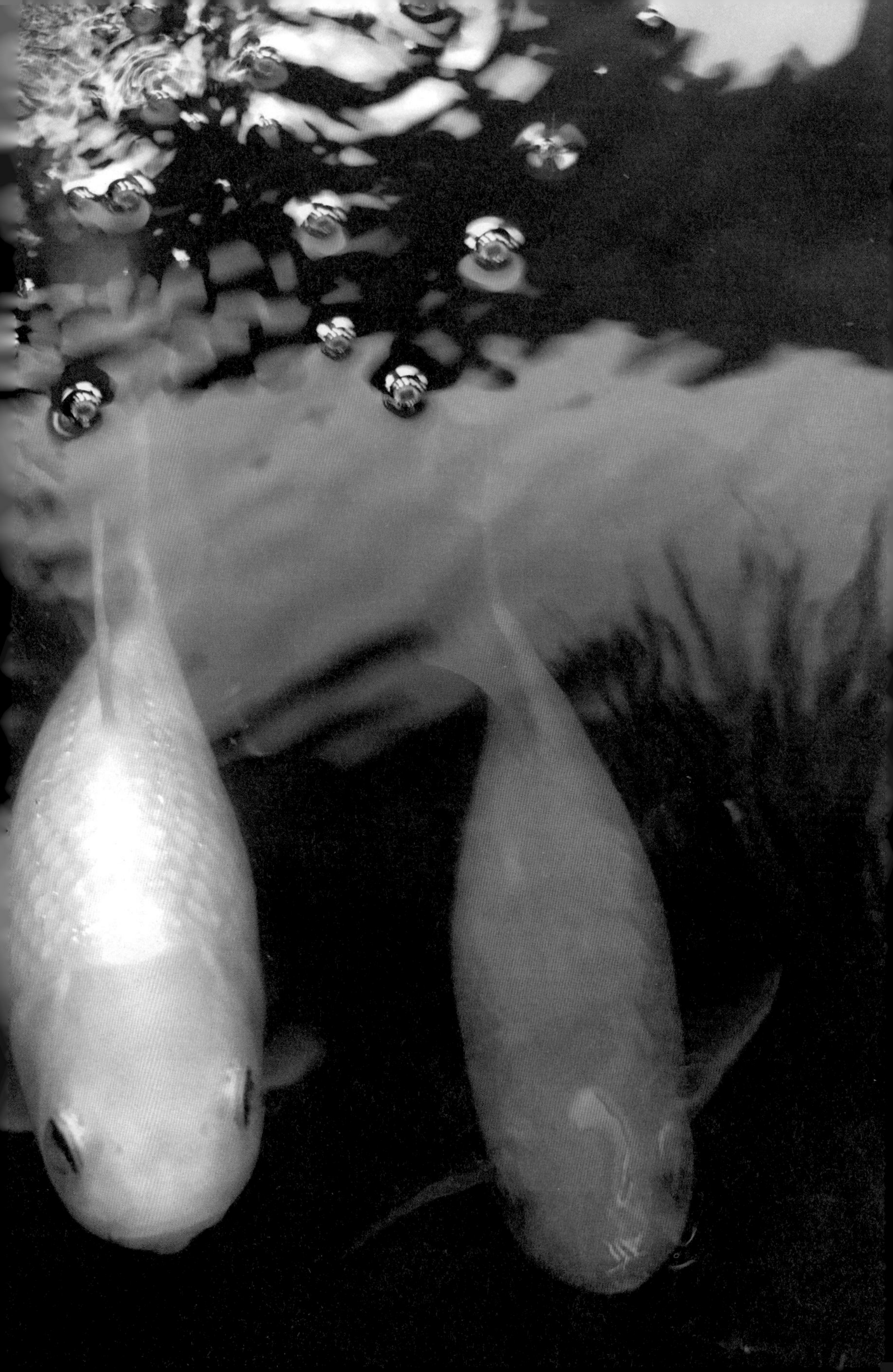

养鱼一年后的一天，一家企业的金鱼研究者问了我一句话：『金鱼在你家是什么？是你家的成员吗？』这个问题非常意外和突然，我想了想，说道：『金鱼是我家的婴儿，不，是婴儿中的早产儿，先天缺陷多多：小鱼无胃，常食饱而不知，致肠道滞胀而逝；小鱼无牙齿，只有咽齿，食物软硬需考虑周全；小鱼无眼睑，睡觉时无法闭眼，如盲人行路，令人心疼；小鱼无泪腺，哭时人难识；小鱼还不会说话，只有叭叭一种发音，表情和心理靠观察和思考，需一些心理学知识作支撑，照料过程必须无微不至，方可与小鱼息息相通。』

这次意外问答，令我将小鱼就此定位为早产儿，这对养鱼过程中的所有环节，都是一个限定，如鱼盆换水和兑水，动作一定要轻柔，否则鱼会受惊害怕，而受惊是小鱼继水害、吃撑之外的第三大离世主因。

我曾仔细思考一个问题：鱼喜静是天性，但鱼胆小，手势幅度即使微而轻、左邻右舍关门的一点声响，鱼都会受惊而挤作一团，瑟瑟发抖，面对最熟悉的主人，同样如此。江河之子的后裔，虽因家化生存，野性退化，但胆小至此不合常理，唯一的解释是人类对其伤害过重，最信任的人也会因意想不到的原因伤害它，鱼因此对人的举手投足异常惊恐。

记得养鱼半年后，我对白点、掉鳞等鱼体疾病，有了初步了解，因对鱼病恐惧，补入新鱼时常因心理原因，看鱼无病却病。一日黄昏时入家两尾补鱼，月光下细瞧，越瞧越觉其腹部右侧有个白点，另一尾鱼定已被传染。没有任何迟疑，两尾小鱼被捞起后，便入了下水道，我却没感觉有任何不妥。

又一次，一尾极健康之鱼补入盆里，我因疑神疑鬼，黄昏时细瞧其身，又觉有一白点，一会儿又觉没有，既然无法确定，先捞至另一盆再说，结局可想而知。我想用鱼捞将其捞起，小鱼从我的表情和动作中，感到了恐惧，浑身哆嗦，满盆乱跑，无论如何捞不到它。放入鱼食引诱，小鱼看都不看，依旧跑来跑去。半小时后终被我捞起，一尾无任何过错的小鱼，又入了下水道。

这一夜，我躺在床上，无论如何睡不着，小鱼哆哆嗦嗦、满盆惊跑的镜头，反复上演，我第一次为小鱼疼痛，似乎听到了小鱼的哭声，还有之前入下水道的两尾鱼，它们一定也在哭，那么脏的地方，该是活不得的。想着想着，我的眼泪掉了下来，难以抑制，为我的举动感到残忍，为鱼的境遇感到悲伤，连续多日，心境难平。

这个夜晚，金鱼作为生命，史无前例地被我细细思考：『人与自然为一体』的古老哲学，自认理解透了，却在几尾小鱼的生死面前，暴露出问题。面对水中弱小生命，必须弯下腰来，对古老哲学进一步深思，用行动给予回答和弥补。

这是我与金鱼生死之交之路上的一次转折，对灵长责任和义务的理解，从未如此细致入微。此后，小鱼彻底成了与人平等的家庭成员，并被定位为家中的早产儿。因写书对金鱼历史深研后，又从早产儿上升为先贤。两个定位并不冲突，一个从饲育角度，一个从思想角度，对金鱼的认识初步形成。

细说这些，是想对所有养鱼人说上一句：『细心呵护小鱼，永远是人类的天职。』

既然是早产儿，为鱼盆换水、兑水、洗盆、倒鱼、捞鱼粪等，养鱼人自会知道该怎么做：至轻至柔，小心翼翼，防止外伤，是对鱼最好的呵护。至于多长时间换一次水，把握上述绿水三颜色，就可掌握生命线。换水量应以三分之一、最多百分之五十为佳。鱼喜老水，一次换水过多，鱼不适应，常以白便告知。换水后，一定要关注鱼粪变化，注意水温和水质恒定，这对小鱼最重要。

方便之法是水质最佳时，放入新盆一些作为种水，新水入盆时放些种水勾兑，水性更温和，起稳定水质的作用。或将晒好的水兑入种水，随时补入。

清理鱼盆最是大事，需先将所需原水舀入新盆，然后，用一内壁光滑、体积大于鱼的鱼捞或小盆将鱼轻轻捞出，放入备盆，待鱼盆清洗完毕后，原水倒入，勾兑部分新水，再原法将鱼回盆。此道工序需万分谨慎，捞鱼时鱼因害怕，常在盆内扑扑腾腾，入盆的一瞬间，扑腾过猛，常使鳞片掉落，成为细菌入侵鱼体的突破口。保护鱼鳞完整，不亚于保持绿水养鱼，否则后患无穷。

何时清理鱼盆最合适？盆水深绿时，时间就到了。清理时可留少许苔茸，利于新苔长出。是否如此需看季节：冬日天寒，长苔缓慢，需留苔茸；春夏秋三季天暖光强，绿苔长势快，可将盆内之物全部清除，新苔很快长出来。鱼喜洁净，拒绝污浊之水，甚至以死抗争，透视污浊身比莲。

很多养鱼人认为绿水养鱼有缺陷，妨碍观赏，这是就人的角度而言。鱼置身绿水，养身安神，体质强健，更加美貌，强于置身清水；鱼对人的动作或声音害怕时，常潜身盆底，人不可见，无法伤，防御外患的最好方式；体有白点、红斑、外伤等病之鱼，置身绿水可慢慢自愈，还可塑形，如同瑜伽对人的形体塑造。从审美角度看，绿水红鱼，天生相配，『白毛浮绿水，红掌拨清波』，正是大美的至简表达。提升审美力后再赏鱼，必妙不可言。

养鱼近八载，如今的每一个早上和傍晚，都从打理鱼盆开始：用吸管将盆底污物吸净，然后兑入等量新水，或视需要超吸水量少许，以鱼感觉不到为好，否则鱼不适；各种鱼具也要时时刷洗，以保清洁，防止污染。

打理鱼盆，如人打理家居，若早晚不清除家中灰尘，空气洁净度必下降。鱼盆是鱼的家，让家又绿又干净，天经地义。

但是，凡事不可刻舟求剑，如鱼小盆大，水质洁净，为什么要每日换水？脏时再换更好，水质更恒定。

盆水洁净，小鱼必神清气爽，皮肤紧致鲜嫩，两只眼睛黑又亮，全身水灵灵，绿水红鱼，天趣儿也！

己所欲，施于鱼，小鱼必心领神会，以美相报。

太阳食

水蚤，枝角类甲壳动物，小小身躯胖乎乎的有些透明，红红的颜色，浮游水面的样子，似乎都在显示与众不同的特质：春夏之季，多以雌性出现，单体繁殖，卵体自行成虫，循环往复，学名夏蚤；入秋后，自动异化出部分雄性，雌雄繁殖，生成新蚤，学名冬蚤。经秋风和冬眠，待春风又绿江南岸，便可发育成雌蚤，活跃于淡水中，重复往时的繁衍生息。

这样的单双体交替繁殖，极其罕见，动物界少而又少。由于红色肌肤映红了水面，世人又称其红虫或鱼虫，小河、水泡、坑洼地等肥水中，随处可见。

不合常规的繁衍模式，成就其极高的蛋白质含量，占据小小躯体的百分之四十至百分之六十，非其他水中浮游动物可比，肌体内含量丰富的氨基酸共同作用的结果。

蛋白质，所有生命运动的物质基础，犹如肉、蛋、牛奶、鱼等高蛋白对人体的重要性，没有蛋白质，就没有生命。很多女性生子后，都要清炖鲫鱼汤恢复身体，取的正是其优质蛋白。钙、麟、脂肪和糖等物质，生命体也不可缺少，水蚤身上同样含量丰富。仅脂肪而言，不仅关涉生命体是否丰美，更关涉生命体对寒冷环境的抵抗力。

出类拔萃的营养结构，使水蚤成为天然宝藏，只等挖掘者前来，挖掘者会是谁呢？

动物链的组合往往科学而残酷：有些是天然的领导者，享尽天地眷顾；有些是他者口中餐，生命终结得迅速而惨烈。譬如水蚤，因过于肥美，成了各种淡水鱼的主粮，如此个个吃得膘肥体壮，一旦缺乏就生长乏力，百病丛生，吃和被吃的命运组合，不可一时断绝。

相比鱼类快游时的风驰电掣，水蚤一跳一跳的跃起式浮游，简直就是在为被吃做准备，悲剧已经诞生。

同处淡水之中，自降生之日起，水蚤就是金鱼的天然美食，小鱼因此体质健壮，骨骼结实，消化力提升近百分之百，为更多美食入腹提供了空间，因之出落得体态丰腴，姿色艳丽。

南宋时金鲫喜食红虫的习性，已被人们发现，世人所言的『金鲫最耐久』，正源于天然美食对金鱼祖先的养育，基因相传，自然根红苗壮。

水蚤的雌雄分类，不仅关涉繁衍生息，而且关涉小鱼进食：雌蚤皮软易消化，最小的雌蚤适合一两寸长的小鱼进食，稍大些的适合更大的小鱼；雄蚤皮硬难消化，更适合食肉类小鱼。两者颜色也有区别：雌蚤暗红，雄蚤鲜红。

对金鱼而言，食水蚤不仅体质强健少生病，而且肤细如婴儿，高头等特殊部位更易长出，字正腔圆。

可是，江河之外，与水蚤相伴相生的河沟、水塘等地，均为农耕文明结晶体，随着工业文明主宰世界，结晶体早已难得一见，只有偏远山区尚存踪迹。虽有少量鲜水蚤和干水蚤出售，是否被污染实难判断，干水蚤的营养更是大打折扣。

芜萍等植物性饵料，多作为金鱼辅食，但常携带鱼敌，虽经反复漾洗，终有忧患。

鱼粉、面粉、豆粕、大豆卵磷脂、麦芽、螺旋藻粉、虾青素、维生素、矿物元素等为主，按不同比例混合而制的人工饲料，就成了传统鱼食替代品。

对金鱼而言，这是一场前所未有的饮食革命：离开世栖的江河，唯有水蚤维系其与故乡的联系，如今，唯一的联系也被切断，没有什么比这样的革命更残忍！更无奈！离开江河尚属人为，离开传统饮食，却是文明替代的结果，难以阻挡。

虽有各项指标提示新食物好坏，蛋白质高低，始终是判断等级的第一标准。由于观赏鱼种类多，涉及面广，颗粒饲料的国家标准很难一一确立，国家标准明确的因之少而又少，多为企业标准，企业规模、市场影响力大小、口碑如何，就成为判断品质的直观标准。

就知名企业的颗粒饲料而言，蛋白质含量基本在百分之三十八左右，少数高达百分之四十。没有足够或高含量的蛋白质，没有丰富的氨基酸提供优质蛋白，无论文字标识多么漂亮，都难担大任。一位行家曾言北京地区原百分之九十的家庭养金鱼，现在很多家庭不养了，养不活。

养不活，虽有水质原因，水蚤难觅或污染，饲料质量堪忧，也是原因之一。

养鱼者买饲料时，虽有指数标识，却应以水蚤的营养结构为参照系，达标不易，指数接近就好。为了人类，金鱼的付出有目共睹，人类的付出却微乎其微，一句『饿不着就行了』的购食标准，使五元十元、最多二十元一袋的鱼食，成为养鱼者购买的主流，这不是人类该有的态度。欣赏为鱼吃得好而考虑周全的人，那是生死之交的食物体现，没有足够营养的食物为基，小鱼体质羸弱，稍有风吹草动，迅速殒命。爱鱼的人们，为小鱼选择生还是死，鱼食质量已是答案之一。

记得刚养鱼时，五元十元一袋的鱼食，随手一买是常事，当时的我同样如此，对鱼食好坏的觉察，来自家里的一尾小鱼。

上文说过，我曾八块钱买了五尾金鲫，其中一尾最小。由于鱼盆最初放置茶几旁，与在客厅读书写作的我背对，只要回头，人和鱼便面对面。极近的距离使我看见每至吃食，那尾最小的鱼都被其他鱼追得满盆跑，虽属嬉戏，食不饱腹也是事实。每当这时我看它，它总是满脸微笑地看着我，一点也不生气。第一次看到小鱼微笑时，我非常惊讶，金鱼是有表情的？我像哥伦布发现新大陆一样，甚是新奇。正是这尾小鱼的微笑，拉开了我观察金鱼秉性的大幕。

二〇一一年春天，鱼盆挪至阳台的龙血树下，一次过量的鱼食摄入，这尾小鱼腹部膨大，鳞片全部如银针竖立，我虽不知原因，但对竖立的鱼鳞印象深刻，后来才知是炸鳞，食物滞涨肠道、无法消化而引起，劣质食物的后果。几个小时过去，小鱼开始固执地待在鱼盆一角，不吃不动，神情哀伤，对主人的呼唤也无动于衷。或许它已预感又将一次轮回，回头是岸，可是，岸在哪里？

黑夜看到了小鱼的挣扎，却和小鱼的母亲一样，无法伸出援手，改变儿女累世的宿命，只能陪其走完最后一程。

曙光初露，花香鸟儿叫，小鱼却已提前一步，奄奄一息，倾斜的身体漂浮在水面。弱小无助的一生，比黑暗更令人窒息。

阳台高大的龙血树，常来阳台栖息的鸽子，无意中目睹了这一切，它们不知这样的遭遇会否在某一天，光顾自身，深藏的灵性已令其恐惧，有时甚至不寒而栗。

伤心过后，细心的我思维更加缜密，有时小鱼的正常游动，也令我心惊肉跳，梦寐以求的是技术高超，只为和小鱼息息相通，为其颐养天年提供技术支撑。

泥瓦盆入家那天，一袋由台湾一家知名企业生产的锦鲤鱼食，在行家指点下被我买回，金鱼和锦鲤鱼食可通用。我细看了一些指数标识：粗蛋白大于或等于百分之四十，赖氨酸大于或等于百分之二点二，粗脂肪百分之三，粗灰分大于或等于百分之十三……

为何指数前加『粗』字？咨询厂家，回复为方便相关机构抽检，检测后的指数与标识没什么差别，单项指数甚至略高。

实践证明，劣质鱼食不仅营养不够，而且鱼粪易碎，造成盆水污染，必须加以关注。

为掌握喂食次数和食量，我开始对小鱼吃食过程细致观察，也因此和鱼开始了交流。

每日上下午各一餐，是我坚持了月余的喂食规律：上午太阳出来后喂食，小鱼消化力强；下午两三点钟再喂，落日前可消化得差不多，不至积食。规律很快被打破，小鱼身处阳台，阳光照耀，微风吹拂，绿水加身，如食红虫，极大地促进了肠道消化，消化快自然饿得快，叭叭的叫食声成了常事，坐在紧邻阳台的书房读书写作的我自然听得清，声声入耳。没有任何犹豫，喂食量很快增至每日三四餐、四五餐，原则是饿就得吃，只要鱼粪黑又壮，就没问题。虽有『少喂食鱼鲜活健』的说法，我却更强调自家道路。

一段时间后，三鱼不仅身形丰美，而且皮肤细腻，紧致润泽，鱼鳞根本看不见，被光滑的黏膜紧紧包裹。体色极红，见过真颜或图片者，无不为其颜色之红而赞叹，既符辰州红，也符朱砂红，在不同光线下千变万化。身体长了一圈又一圈，神态悠然，每天上下午各睡一觉，比主人还自在，出落得如小鱼神。弟弟家上大学的女儿来我家，竟说我家鱼胖得像头小肥猪。我一听，这还了得，『什么？小肥猪？你的比喻太俗气，毫无诗意，可比喻为杨贵妃或天神，你看哪个天神瘦骨嶙峋？个个丰腴至极！』（见图二十二）

没错，金鱼就该一副宝相，既合天韵，也与大贤之身相配，小鱼喂食方式自此固定下来。

图二十二 小鱼神

这种喂食方式是有道理的：小鱼常低头悠闲地觅食，尾鳍上翘，飘飘摇摇，这样的姿势不是人类赋予，而是天性。如喂水蚤，多是一把撒盆后，鱼随饿随吃，太阳西下时吃完就好。此种喂食方式，顺应小鱼天性。

积习既久，小鱼也习惯成自然，趣事儿不断。

每次喂食，如时间允许，我都看着小鱼吃完再离开，发现有被吐出者及时捞出，以免污染水质。见小鱼越吃越多，有时也担心会不会吃撑，嘱咐便脱口而出：『小鱼呀，怎么吃得这么多呀？慢点吃，慢点吃，吃快肚子痛，吃太多肚子会不舒服的。』或许小鱼看我对它太好，这样的话就成了耳旁风，有时要食不给，我便重复上述之言，常常话还未完，小鱼的叽叽声更加响亮急迫，似在催促；有时又撅嘴生气，样子有趣儿；更多时是脸色瞬间骤变，勃然大怒，冲着主人不知说些什么，而且急得快哭出来的样子，似在说：『我饿我饿，为什么不给饭？为什么不给饭？』我一看，态度速变：『息怒息怒，来了来了来了。』说时迟那时快，鱼食瓶很快从客厅到达我手，蹲在鱼盆旁拧开瓶盖，并将瓶子高高举起。或许小鱼早已认识自己的食物瓶，每当这时，情绪便一点点平静下来，待鱼食以最快速度

入盆，唰唰唰，香甜的吃食声便响了起来。（见图二十三）

这样的喜剧经常上演，我也不忘再嘱一句：『小鱼呀，怎么老爱发火呀？发火对身体不好呀，一定要大家风范，遇事心平气和，记住了吗？』小鱼是否听懂我不知道，这样的嘱咐却老生常谈，似在说给鱼，又似在说给自己。

小鱼个性不同，就吃食而言，有些能抢食，有些看不见，常对着主人叫，需分而治之。团团一口多粒，圆圆眼疾嘴快，唯小爱如绣楼小姐，秀嘴微张，细嚼慢咽，雅致可人，也常致其尚未吃饱，鱼食已尽，叭叭的叫声就成了常事。初时不知何意，氧气充足，绿水青翠，小爱叫什么？经观察，发现其因未吃饱而发声。明了原因，我常在团团和圆圆饱食后，单独给小爱喂一些，待其叭叭声消失，已经吃好。

时久，我对小鱼的表达有所理解：每当我蹲至鱼盆旁，如果饿，它们会小脑袋挤成一团，望着主人叭叭叫，如主人没反应，它们会绕鱼盆转几圈后，重复刚才的动作，这就是饿了。每当这时，我都及时将鱼食给上，以免小鱼生气，生气吃东西易病，这一点，人鱼同理。

后来用手机为小鱼拍照，其要食的样子拍了很多，发现生气时的小鱼放射出一团团白

色气体，如人怒发冲冠时的七窍生烟，非常意外，对人鱼同理的话给予验证。（见图二十四）

鱼是水中动物，有自己的表达方式和语言系统，只要关爱之心在先，细心观察体悟，不时咨询，初步了解并不难。后文《鱼有情》一章，将继续对此予以解读。

金鱼属杂食性动物，可吃食物很多，第一次喂小鱼吃金饼，想起就笑。

金饼是我面食中的最爱，养鱼后，常蹲在鱼盆旁，边吃边赏鱼。没想到小鱼也想吃，主人不解其意，小鱼急得满盆跑，一边跑一边冲主人飞吻，飞吻一个接一个，从一鱼到三鱼。天哪，小鱼还会飞吻？我又惊讶又开心，大笑不止，几个饼渣随笑声落入鱼盆，小鱼一阵疯抢，开心地大吃起来。哎呀，原来是你们也想吃呀！我恍然大悟，又对着鱼嘴喂了一点。油盐对鱼不好，不可多喂。此后，每逢家里吃无油面食，我都留一点喂小鱼，虽营养缺乏，改善一下口感总是好的。

或因体质好，身意舒畅，小鱼性格愈加活泼，每当我蹲至鱼盆旁，它们总是很快围拢过来，三个小脑袋挤在一起，和主人谈天说地，叽叽声从头至尾，灵性的表情抑扬顿挫。我也满面笑容，频频点头，对它们赞美不止：『可爱的小鱼，怎么这么漂亮呀！怎么这么可爱呀！

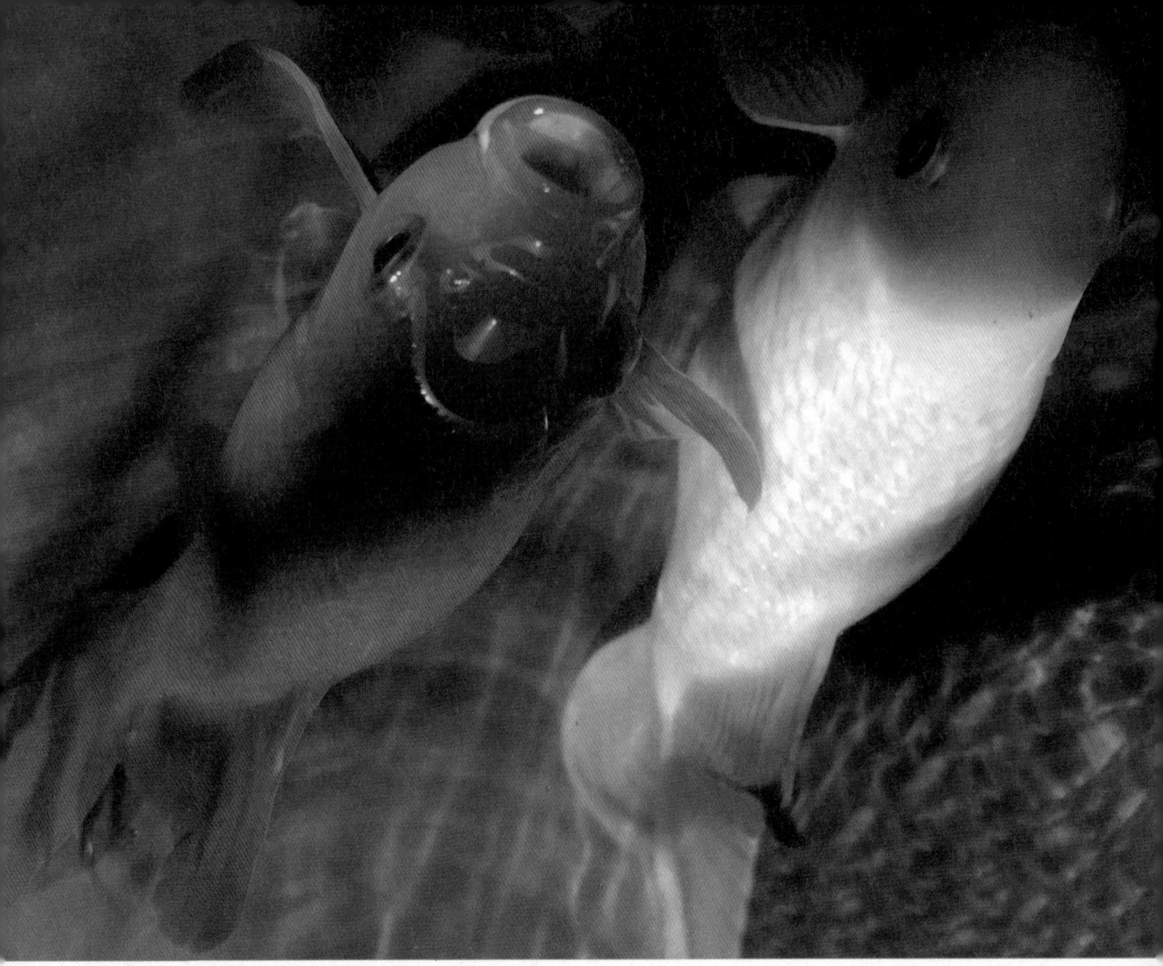

图二十三 『我饿我饿为什么不给饭？』

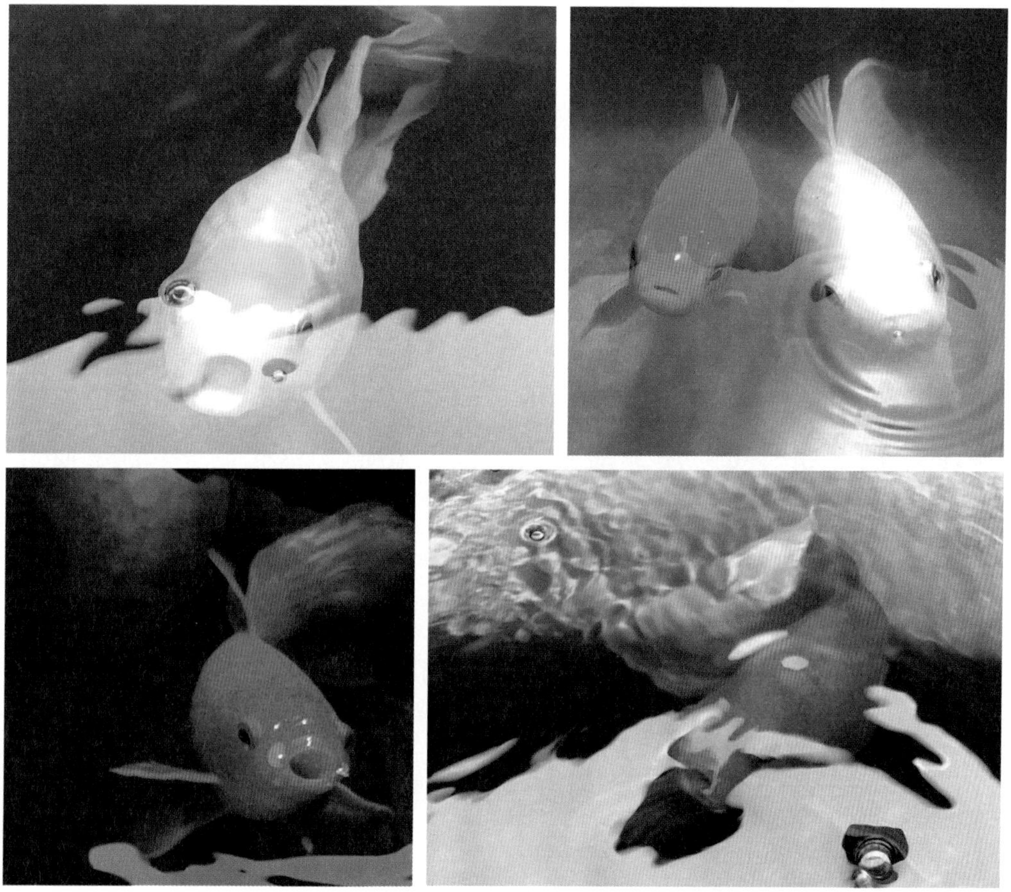

图二十四　生气时的小鱼七窍生烟，甚至急得快哭出来的样子

真是日月之容呀！』每当这时，小鱼总是睁大眼睛望着我，好像问我在说什么？虽不知彼此在说什么，前世的亲情已心有灵犀。

小鱼和人一样，性格各个不同：团团有君父之风，从不和其他两鱼争短长；小爱因身形略小，力气不够，常常是跟随者；圆圆『说话』最多，力量也大，最喜和主人『谈天』，它『谈天』时，其他两鱼只能看着，绝不许插嘴，一旦违规，定被其用嘴推至一边，小爱就常被推得满盆转，只剩它自己和主人说个不停。（见图二十五）

这样的过程非常有趣儿，每见此景，我都忍不住笑起来，并叮嘱圆圆不可如此：『怎么老推人家呀？这样不好，以后一定要改正呀。』圆圆不听我的，一切照旧。

金鱼喜欢主人陪伴，养鱼时间越久，体会越深。每次来到鱼盆前，尤其一两小时没照面后，小鱼常兴奋得沿着盆壁跑几圈，边跑边冲主人飞吻。有时早上起来打理鱼盆，小鱼看主人来了，也常以飞吻作为见面礼。

『小鱼可聪明了，能听出我的脚步声，未等我走到鱼盆前，已远远望着了。』一位退休后养鱼多年的老中医，和我津津乐道家鱼趣事儿。

鱼有情，竟是这样善解人意，温暖人心。

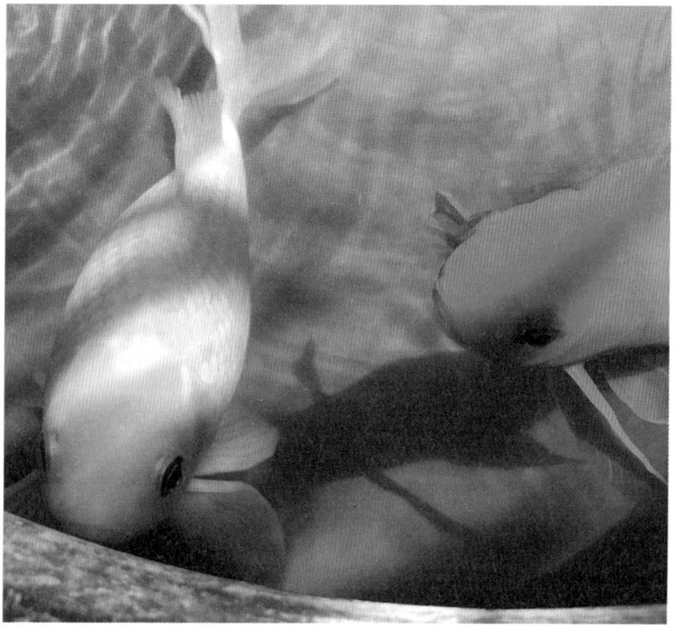

图二十五　圆圆最喜欢和主人『谈天』

时光如飞，至此书出版时，团团、圆圆和小爱已近八龄，除圆圆前年因意外之故病过一次外，三鱼一直生龙活虎，似在为我的喂食方式叫好。

世间事虽有常理，却并无一定之规，只要结局好，通往结局的道路可千差万别。但是，对金鱼饲料好坏的掌握，除应注重蛋白质含量、营养全面外，还应注意喂食量的掌握，以鱼粪黑壮短粗为基准，淡褐色是食量已过的表现，白便或肛门拖着长便，是消化不良的结果，需减少食量，以待恢复。如何喂食，关涉小鱼生死，应根据实践，订立家法。

少喂食可保持水质的言论，尽人皆知，可是，以牺牲小鱼健康为代价的少喂，鱼定体弱，对疾病缺乏抵抗力，这样的水质保持又有何用？让小鱼绿水萦绕，带动水质自我循环净化，才是真正的鱼道。

常听养鱼人说：『金鱼不知饥饱，给多少吃多少。』这个说法值得商榷。金鱼栖息江河时，食物质高量大，却活得健壮，未因食量过多而不断生命轮回，恰恰是人工饲料为其带来生命风险。金鱼没有胃，只有肠道，食物入口和过量之间，有一定时差，待肠道感觉滞胀难受，往往为时已晚。因此，一款好饲料，小鱼无论吃多少，都不会因之殒命，只会消化欠佳，主人及时矫正就可。如鱼食营养不够，不仅小鱼无法健康成长，而且会因吃多难消化，很快离世，如上文所言因炸麟离世的小鱼，至今令我怀念不已。

闲时逛鱼市，发现鱼食分类愈来愈细：有称主食的，有冬日抗寒的，有食后色艳的，千奇百怪，不一而足。仔细问来，主食只具备基本营养，抗寒是增加鱼体脂肪，增色是鱼食中添加某种成份。依我经验，按上文所言指数选择后，依天之规，自我成长，方为正道。吃到一款好食，是小鱼最大的幸事，主人只要细心，定做得到，小鱼会万分感激。

阳台花盛鱼肥，自得田园一味，虽不如陶渊明的《归园田居》，心境却一样的鲜亮。

前年冬日，我像命名『品贤盆』一样，将我家的小鱼饲料命名为『太阳食』。太阳，霞光万丈，光耀大地，为人类和万物带来光明。经常被阳光照耀的人，骨骼强健硬朗，钙质吸收率增强，血液循环加快，体内废物加速排出，红光满面。这样的能量，一款好鱼食同样应具备。如无法判断鱼食品质，就想想人和小鱼被阳光照耀的样子吧，那就是选择鱼食的标准。（见图二十六）

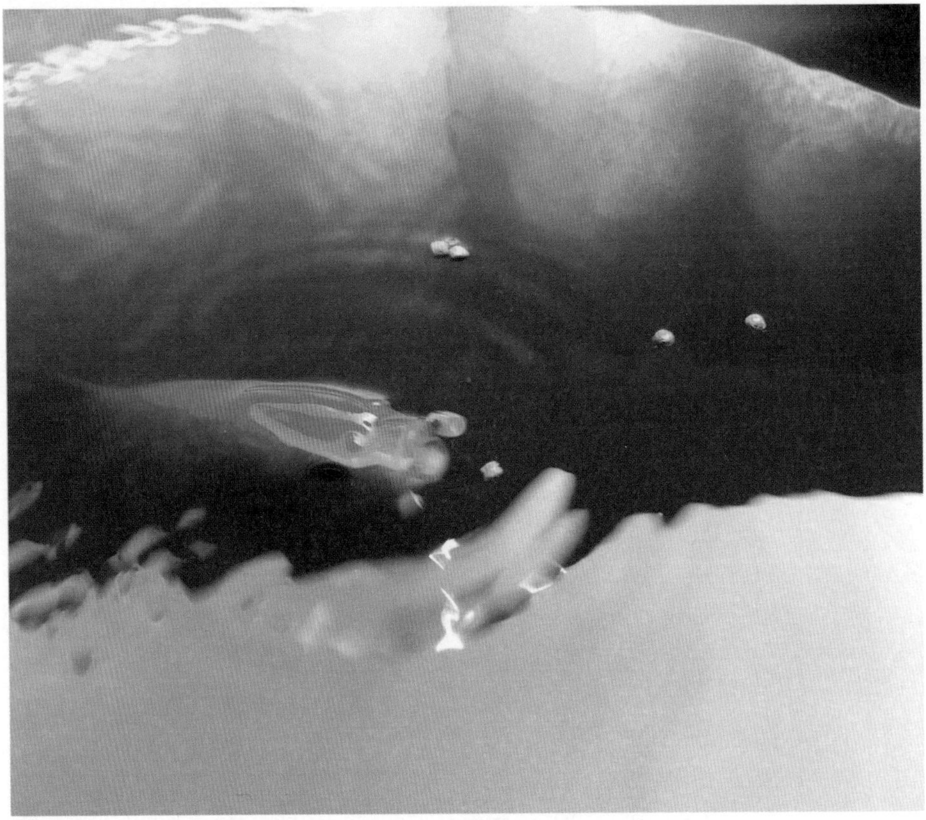

图二十六 小鱼正吃太阳食

小鱼亲人

阳春三月，到处诗情画意，你花正盛我花开，风情万种最植物，虽已见少许落红，却自醉三分，俏了江山，肥了泥土。蛰伏盆里的小鱼也紧随其后，欢呼雀跃，追尾频频，标志着一年繁殖季的开端。春种夏长，秋收冬藏，天地之道，也是养鱼人一年中的繁忙季。（见图二十七）

明清两代，人们于前一年的夏日便开始忙碌，鱼市选鱼几千尾，再百里挑一二置于专属鱼盆，配孕育种，以求来年收获美鱼；或对种鱼实施配孕，不日便可金玉满堂。这是金鱼世家崛起的时代，探索与实践，是金鱼繁殖季的另一要务。

今天的金鱼家族非常兴旺，爱鱼者按各自喜好，鱼市买回养育即可，如欲繁殖，却需具备常识和技能。

小鱼繁殖，如人之生育，涉及保胎、接生和产后护理，一环不慎，满盘皆输。

小鱼生子多自两龄起，一龄繁殖者虽有，不多，至三龄为生育高峰，之后产子量逐年下降，

图二十七 小鱼追尾

品质下滑。

因青春期体质强健，盛产期的鱼子天身健全，元气十足。年龄大则风险大。体弱多病者或可按时产子，但子少体弱，需谨慎。

我曾在鱼市见过独眼小鱼，先天缺陷，无法弥补，很多鱼商也向我直言：『现在很少自己繁殖，技术不好，只有大养殖场技术才行，繁殖不好残疾鱼多，得不偿失。』

鉴于此，上篇之文中，已对选鱼、配种、收子、晒子、喂食等繁殖过程中的细节把握，给予详细解读，不再重复。

时代变迁，种鱼选择需再言：体形丰美，嘴阔圆润，尾鳍或飘逸或对称，眼齐有神，色纯无杂，游动娴雅，品种特征明显，可为今时一般之家种鱼标准；繁殖需遵循同类、同种、同大小和同盆原则。

鱼喜群居，种鱼雌雄搭配同样讲究法度：如鱼体强健，多为一尾雌鱼配两尾雄鱼；如鱼体稍弱，一雌一雄最好，免因追逐激烈，伤鱼肌肤。

种鱼选好后，择同一盆内饲育，等待繁殖日到来。繁殖过程如何管理，是又一要务。

记得二〇一二年元宵节前的几日，国人尚未从过年的喜庆中抽身，一次兑水，意外发现圆圆腹部高高隆起，如怀胎十月的孕妇，即将临产，我异常惊讶。天气仍寒，与清明时节的繁殖季还有两月，此时繁殖，虽有小鱼体壮、阳台温度高等原因，新水对鱼的刺激，也是一大因素。自感鱼技不够，工作太忙，早已决定不育子鱼，但如何照料繁殖期的小鱼，一无所知。正频频电话咨询，小鱼却不再等待，正月十七凌晨，繁殖开始。

极大的咕咚、咕咚撞盆声，把我从睡梦中惊醒，开灯看表，凌晨四点左右。轻步来到阳台细瞧，发现小鱼正追逐中产子。窗外曙光未露，窗内产子繁忙，这样的繁殖时间，如同孕妇，何时生子，需遵自然。

无法再入睡，天刚亮，洗漱后来到鱼盆旁，将盆里的鱼子捞出，每隔一小时捞一次，以免卵多坏水，鱼难安适。

繁殖至上午十点多才结束，时间长达六七个小时。将鱼捞入小盆后，开始清洗鱼盆。此时的小鱼仍不时有鱼子排出，下午四点多鱼子排净后，返回鱼盆，小鱼情绪已平静下来。

（见图二十八、图二十九）

此时的圆圆如生子后卧床的产妇，气力极弱，游速缓慢。又半小时，我将煮好的鸡蛋清（蛋黄浑水）细喂三鱼，逐步恢复往日食量。

十天过去，小鱼二次繁殖开始。之后，繁殖间隔日由十天缩至一星期，再缩至三五天，直至间隔两三天，繁殖日趋频繁。新水供应不上，加之常识缺乏，繁殖中的三鱼常被我从盆内捞出，放入小盆，为新水快熟做准备。这样的方式必伤鱼体，只是伤害程度比我想象得严重，几年后，圆圆的一场大病，与此种伤害密切相关。

八月十七日，天气仍酷热，长达半年的繁殖季终于结束，比正常的结束期长出两个月。隔年，相似的繁殖过程再次上演。有了经验，往日错误没有再犯，对鱼的生儿育女也有了更深认识。

虽爱鱼至深，但繁殖季的劳累，真真一言难尽。

每次小鱼繁殖完毕，需将鱼盆里的水一桶桶倒出，穿过长长的客厅，倒入次卫下水道，往返多次才可完成。之后是洗盆，注入新水，再将小鱼回盆，并将所有用过的器具洗刷一净，再一桶桶接新水晾晒，否则下次用水来不及。整套动作下来，即使我等做事快捷之人，也需一小时以上，长此以往，甚是累人，以致后来每次凌晨听到小鱼的撞盆声，即刻崩溃。

图二十八、图二十九　生儿育女

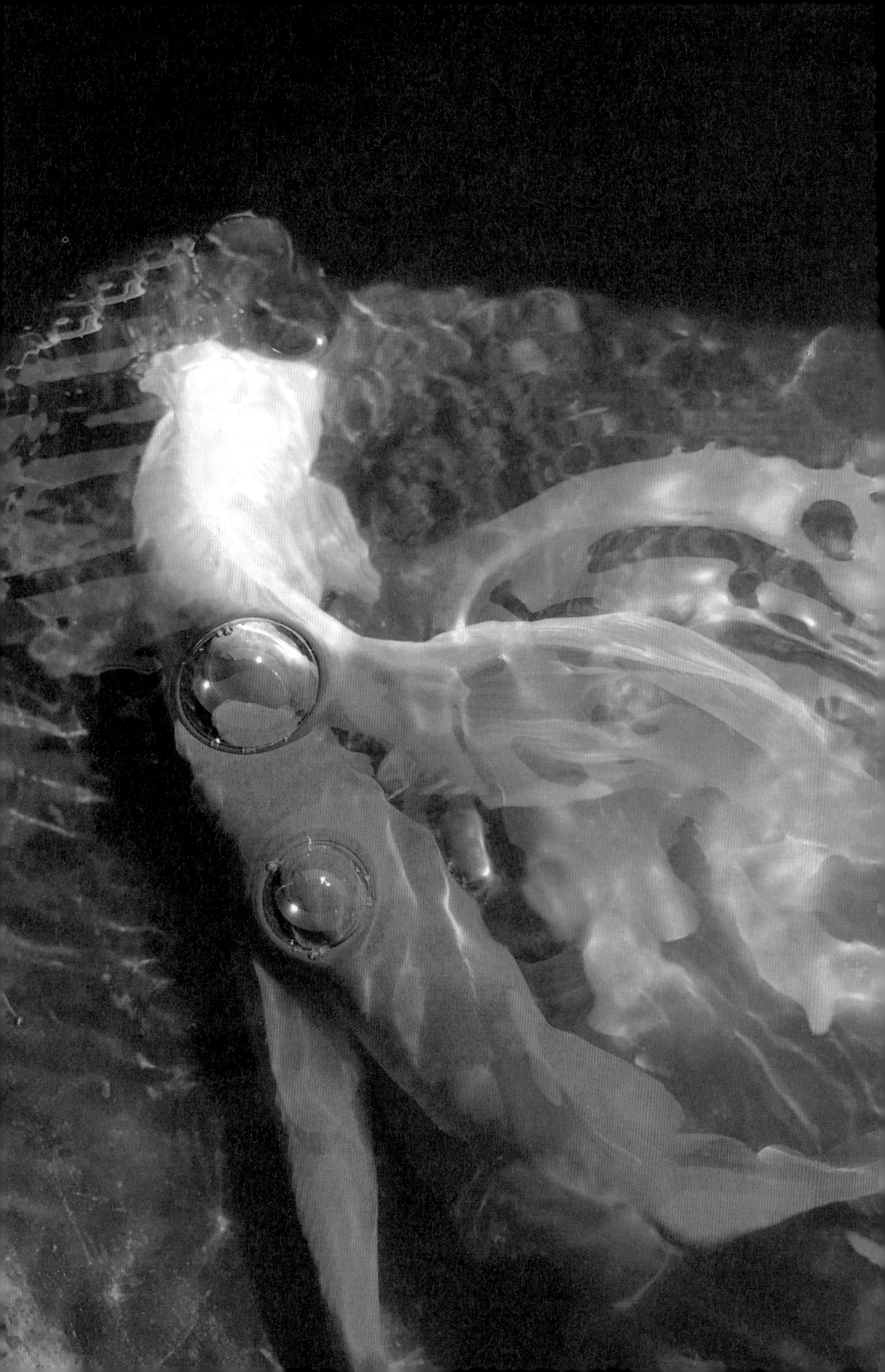

时久，目睹小鱼产子过程，心态渐变。小鱼生儿育女，是一生最大喜事，应为其高兴和祝福。相比小鱼带给人类之美，这点付出是本份，之所以崩溃，是对小鱼主人的定位过低，只有提升至小鱼亲人，才可与小鱼的付出相配，我为成为小鱼亲人而高兴。

既为小鱼亲人，小鱼生儿育女，就该有服务标准。

小鱼产子前，食量增大，似在积蓄体力，必须增加食量，使其想吃就吃，吃饱吃足，以最佳状态迎接临产。

小鱼产子时，过程如人，必先多备绿水，以绿水、绿苔之盆为产床，为小鱼产子做准备。长达六七小时的繁殖时间，激情的频频撞盆，身体极易受伤，如无绿苔保护，绿水调养，细菌会快速入侵伤口，繁殖季因此又称死亡季，需高度戒备。

如收子，应按上篇《文人鱼》一章所述流程，小心操作。如无收子计划，每隔一小时捞子一次，减少坏水几率，动作轻缓，不可碰鱼。

小鱼产子后，用鱼捞将其轻轻捞出，放入小盆，盆内撒稍许食盐，为其杀菌。此时小鱼余音未了，仍有点点鱼子落下，待其不再落子，方可归盆。

此时的小鱼如产妇，身体虚弱，需先静养一会儿，待其恢复体力，喂食由少至多，然后静养，为下次产子做准备。

小鱼亲人还不够，此时还是兼职月嫂，以专业技能照顾小鱼。如此，小鱼必身体不伤，仍如往日强健。

收子者，鱼苗如何喂，虽有张丑之法，也可依句曲山农《金鱼图谱》所言：『鱼苗初入缸，用熟鸡鸭子黄煮老，废纸压去油，晒干捻细饲之（鸡鸭子黄惟可饲苗，若鱼稍大则不可饲。然饲苗宜节与，饲多则日后中寒而不子）。旬日后取河渠秽水内所生红虫饲之，则鱼易大而多精神（红虫需预以缸蓄，清水漾洗之）……』

小鱼产子量大，常一次得子成千至万，如出苗率尚可，除自留外，可送亲戚朋友，祝其金玉满堂。更多余下者，以佛家之心，放其回归江河吧，如人之落叶归根，终得安好。

一些爱鱼者担忧麻烦，常于繁殖季将雌雄鱼隔离，使其不子，这种做法值得商榷。鱼生人世，幸入己家，前世之缘，不可轻待。人至成年结婚生子，鱼理相同，如以人力阻断，与阻断人之生育有何差异？人之不欲，勿施于鱼。

二〇一五年二月底，我因故必须返回老家，恰逢家中无人，天气乍暖还寒，无法日夜开窗。

临行前，我将阳台窗斜对着半开，为鱼和花儿通风透气，却为夜间冷风阵阵，小鱼是否受寒担忧不已。

离京半月，想到一日五六餐的小鱼，如今日日挨饿，非常心疼，当晚即乘车回返京城，第二天中午刚进家门，放下皮箱，小跑着直奔阳台。

仔细观察，盆水绿藻满布，小鱼无精打采地待在水里，有气无力，瘦骨嶙峋。天哪！我吃惊得叫了一声，若不是置身家里鱼盆，简直难以相信这是团团、圆圆和小爱。

小鱼一看是主人，立刻来了精神，却又一脸委屈，看着我叽叽叫个不停，似在述说这些天的饥饿和委屈。

我一边说着『我的小鱼受苦了，受苦了』，一边将其捞入小盆。清盆后，将半月前晾晒、氧气已所剩无几的新水倒入盆内，然后将小鱼捞入。又过了一会儿，少许鱼食入盆，小鱼饥饿至极，大口进食。一两小时后，更多鱼食入腹，小鱼因饱餐，精神复振。

两天后，我再次返回老家。相似的过程重复了三次，直至四月底，终于结束。

这样的过程，重重伤害了鱼体，这一年，小鱼只繁殖寥寥几次，便告别了繁殖季。

没有健康的体质为基，生儿育女终有忧患。

养鱼者，都是爱鱼的，但视鱼如亲人者有多少？我不清楚。从鱼食购买者多『不饿就行』的态度看，似乎又很清楚。天地万物，各表其美，各有归属，却如山林老树，枝叶相望，根脉相连。

鱼在家里，作为万物之灵长，自然为小鱼亲人，责无旁贷。但这需要心灵的成长，需要对人世、对众生平等有更深感悟。如尚未做到，就先从护理小鱼生儿育女开始吧，那是小鱼最需亲人照料的时刻，或许会从中感悟生命，感悟天地万物原为一家，相伴相生，难分彼此。

金鱼的品格

自被定义鲫鱼之后，金鱼祖先，早期金鱼的地位就开始跌落，草金鱼的品类划分，地位更是一落千丈，唯一的赞美是『耐久』。面对尚风之变，祖先却一如既往笑对世人，宠辱不惊。江河之子的后裔，风浪中降生，风浪中成长，自有一番坚韧大气，其对『耐久』的诠释，或许更令人深思和震动，继而心生敬意。

二〇一六年惊蛰刚过，春雷阵阵，北方冬眠的小动物和花草们被雷声惊醒，开始为新春忙碌，以求万物竞风流。我的探春之心也蠢蠢欲动，有时甚至身依树干，倾听百花最隐秘的心跳。不料，一场突降鱼病，将我的探春之心彻底打乱。

由于第一次使用氧气泵，我对按出气量大小、适时更换的常识，一无所知，以为电机停摆才是坏了，结果小鱼因氧气泵气量减弱、呼吸不畅而叫个不停。是否鱼盆旁一人高的虎皮兰阻挡空气流通？立刻搬走，小鱼叫声依旧。是否气头出气不好需更换？一堆气头买回家逐个试，气量增加有限，小鱼的叫声却愈加急迫。当我多方咨询、确认是氧气泵气衰带来的问题时，京城已无同类产品售卖，其他氧气泵噪音太大，实难承受，待找到原厂家并自深圳快递进门，半月已过，一场鱼病就此形成。

没有什么比缺氧更令小鱼难受，几年来从未见过的白便开始光顾，缺氧引发的消化不良，小鱼开始肠炎，水因之浑浊，频繁换水又使肠炎加剧。很快，小鱼就以清晨鱼粪碎盆的方式，向主人述说它的不适。一连七八日，此景噩梦般天天出现。新水已供应不上每日换水之需，只能将盆底浑水清出，再将舀入小盆的少许清水兑新水后，注入鱼盆。无奈中的水质可想而知，小鱼的病情日益加重，如舞台上的武打演员，不停地翻身，经咨询才知叫蹭缸，以求将附着于身的细菌去掉，我焦虑万分。

绿水养鱼后，小鱼从未生病，我诊断和照顾病鱼的经验，自然为零，但拒绝化学药入盆的原则，始终坚持，药尽鱼亡的案例网上比比皆是，必须依靠小鱼自身抵抗力，依靠光和风消炎杀菌的天力，使其重现往日生机。

愿望很快落空。受浑浊之水侵蚀，圆圆的黏膜一点点脱落，沉浮盆内。黏膜是肌体保护层，护卫鱼鳞和肌肉的盔甲，当盔甲被击穿，鳞片掉落已无法避免。一次清盆换水，五六片鱼鳞静置盆底，仔细察看三鱼之身，来自圆圆，团团和小爱无问题。

自小鱼两龄起，每年初春至初秋，相隔两三日一次，长达半年的繁殖期，使圆圆的身体始终处于疲劳状态，难以彻底休整和恢复；分盆而治，又担忧小鱼该产子时因分处两盆而不能，腹胀而逝；担忧水蚤有污染带来病害，致使鱼喜食的水蚤无法入腹，圆圆的体质因之下滑，风平浪静时无体现，面对浊水肆虐，就成了最大受害者。

鱼鳞持续掉落，所有鱼鳍血丝满布，圆圆被折磨得疼痛异常，不时对主人撇嘴想哭，却又瞬间忍了回去。我的心一阵阵疼痛，焦虑无以复加。（见图三十）

万般无奈中，因更换氧气泵管线而相识、后成朋友的秦姐给了我一个验方：取吃饭用的汤勺一平勺海盐（如无海盐可腌制盐替代），放入开水中煮化晾凉后，倒入备盆之水内；将小鱼从大盆捞出放入其中，浸泡一刻钟左右，再放回原盆；每日一次，连续三次，后两次用盐量逐次递减十分之一左右。

此方极其有效，圆圆陆续排出一些琉璃色粪便，体内火毒，身体和精神好了很多。我正大喜过望，一次例行繁殖，又将圆圆打回病态。

我高兴得太早了，重伤的鱼体怎会轻易痊愈？病体和细菌相互伤害，使盆水如落满灰尘，

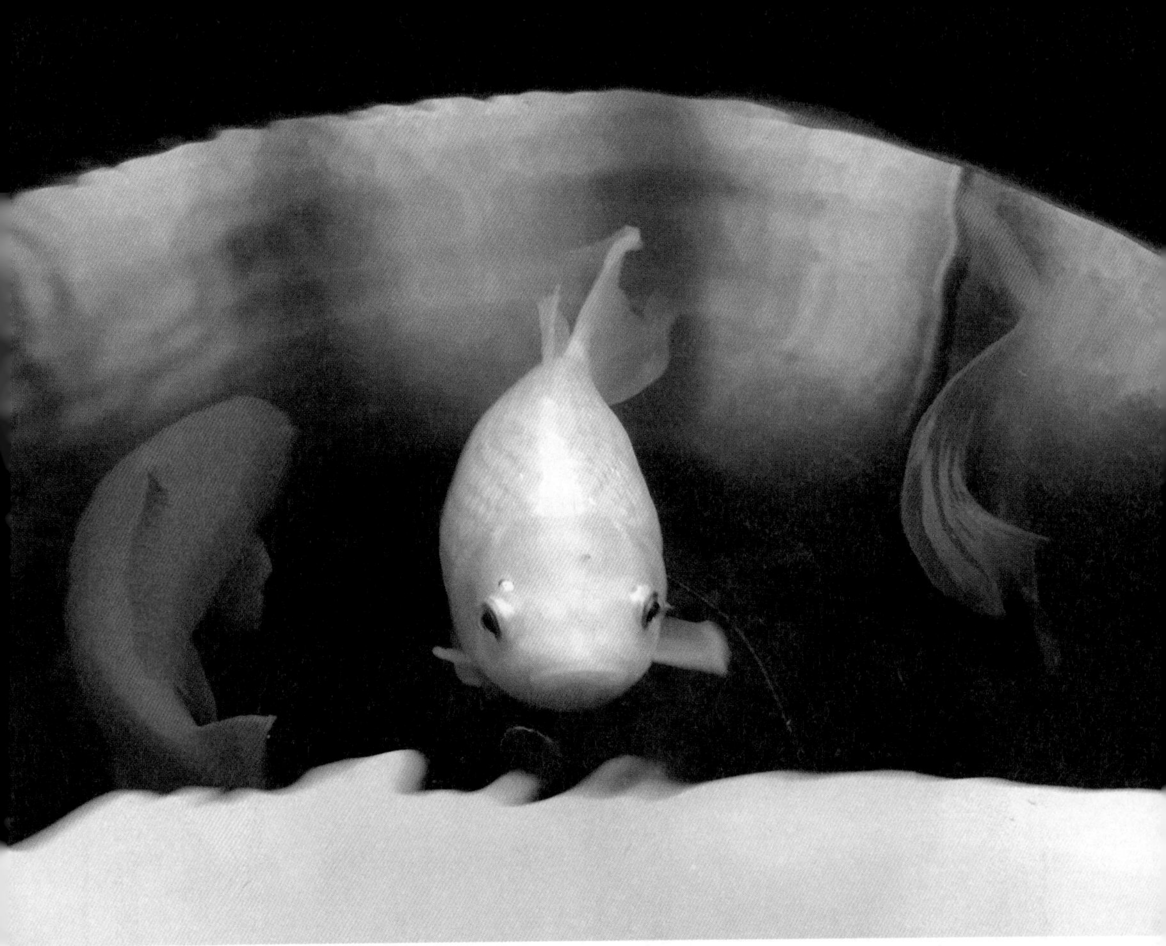

图三十　圆圆不时对主人撇嘴想哭，却又瞬间忍了回去

又浑又粘，典型的恶性循环，无处逃避，不见停息。有两次我正蹲在鱼盆旁观察圆圆病情，却见其突从睡眠状态中腾空而起，足有一尺多高，瞬间又嘭的一声落入水里，继续先前的状态。几天后，相同的跃起又重复一次，腾跃高度比第一次更甚，达一尺半左右。目睹该场景，我心惊肉跳，如跃起后落至盆外，恰巧家中无人，岂不是性命堪忧！咨询专家，答案是鱼对水质不满意。没错，此时正是水质最恶劣时。鱼爱干净，透视污浊身比莲，纵浊境难逃，必以死抗争，两次高高跃起又跌落，正是鱼对污浊之境的强烈抗议！

我知道圆圆的痛苦，却束手无策，当红色鳞片脱落殆尽，来家时通身朱红、脊背两条玉带环绕、被我称为『贵妃鱼』的圆圆，竟成月华鱼了，真真世事难料！

尚未从圆圆的肤色巨变中适应过来，又一件意外之事发生了。

至今清楚地记得二〇一六年八月初那个清晨，窗外鸟语花香，持续的蝉鸣声似在预告初秋已至。洗漱后的我例行走到鱼盆旁，轻轻蹲下，准备打理。天哪！我大声惊叫起来，圆圆的眼睛因发炎，肿得只剩一条缝儿。仔细再瞧，眼皮竟由土黄色变成了铅灰色，头部和颈部由白色变成了杏黄色，体色竟因病重新结构了！

或许这是个渐变过程，前期难以觉察。又过些天，头和颈部的杏黄色变成浅土色，之后是米白色，然后固定下来，很少再变。

令人称奇的是，重构后的小鱼体色异常协调，似被上天之手调配过，淡雅而恬静。『人法地，地法天，天法道，道法自然。』老子《道德经》的核心之语，将天地之道揭示得清晰明确，一条小鱼的道法自然，更加惊心动魄。（见图三十二）

盐水浸泡效力渐失，圆圆的皮肤日趋敏感，水质稍变立刻无法承受，并以更重的浑水方式表现出来，此方停用。

从这时起，除去阳光和风，圆圆无任何外力可借助，只能依靠强悍的体魄和意志，依靠基因里野性的力量，与疾病生死搏斗，圆圆会挺过来吗？

那是怎样的声音啊！每一日，清晨至黑夜，圆圆不停地翻身蹭盆，不停地用力撞击盆壁，与细菌生死较量，嘭嘭的响声一次又一次，昼夜不止；有时沉入盆底，顷刻间又奋力起身，继续下一次的搏击，如战场上最后一名战士，面对强敌，孤军奋战，无畏无惧，争取万分

图三十一 肤色重构后的小鱼淡雅恬静

之一的生存机会。团团和小爱虽也不时翻身，但可自保，此时竟成了圆圆的精神支柱：它们常常亲吻圆圆，紧靠在圆圆身边，不知说些什么，像是安慰，又像是鼓励和陪伴。几年来从未遭遇变故的一家人，面对随时降临的生离死别，展现出感人肺腑的生死相依，绝不放弃！（见图三十二、图三十三、图三十四）

这样的关爱自圆圆生病便已开始，也是我始终未将圆圆隔离的重要原因，虽然隔离更好的警告从古至今，却过于表面，若无家人的关爱和支持，重病的圆圆很难说能支撑多久，我看到并体悟着这一切，绝不将其分开！

相同的场景日复一日，唯一的安慰是即使身染重病，圆圆始终是食量最大的那一个，未因病减食或弃食。天性中的自救行为似一道铜墙铁壁，使其有充沛的体能与疾病抗争。疼痛和难受稍轻时，圆圆仍与团团和小爱如平时一样，嬉戏玩闹，未因重病缠身、生死未卜而一蹶不振。

这样的秉性令我震动不已，对金鱼品格的了解和感悟，进一步加深。

面对与死神搏斗的圆圆，我依旧无能为力，没有什么比这样的无奈更痛心！更焦虑！

为使自己稍许平静，也为给鱼增加天力，我如一个虔诚的佛教徒，开始蹲在鱼盆旁轻

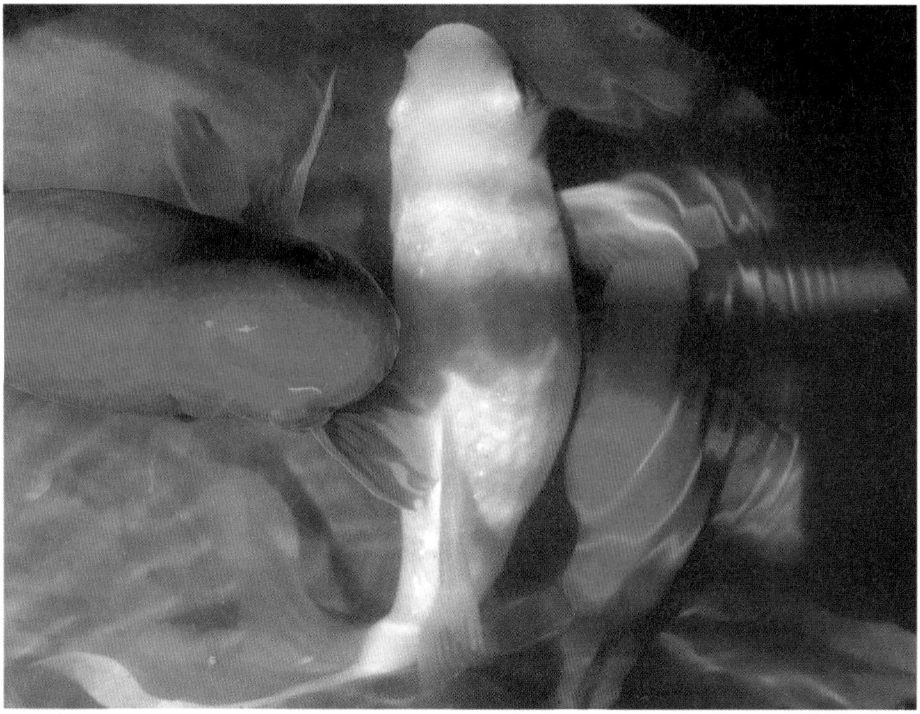

图三十二、图三十三、图三十四
相亲相爱，生死相依

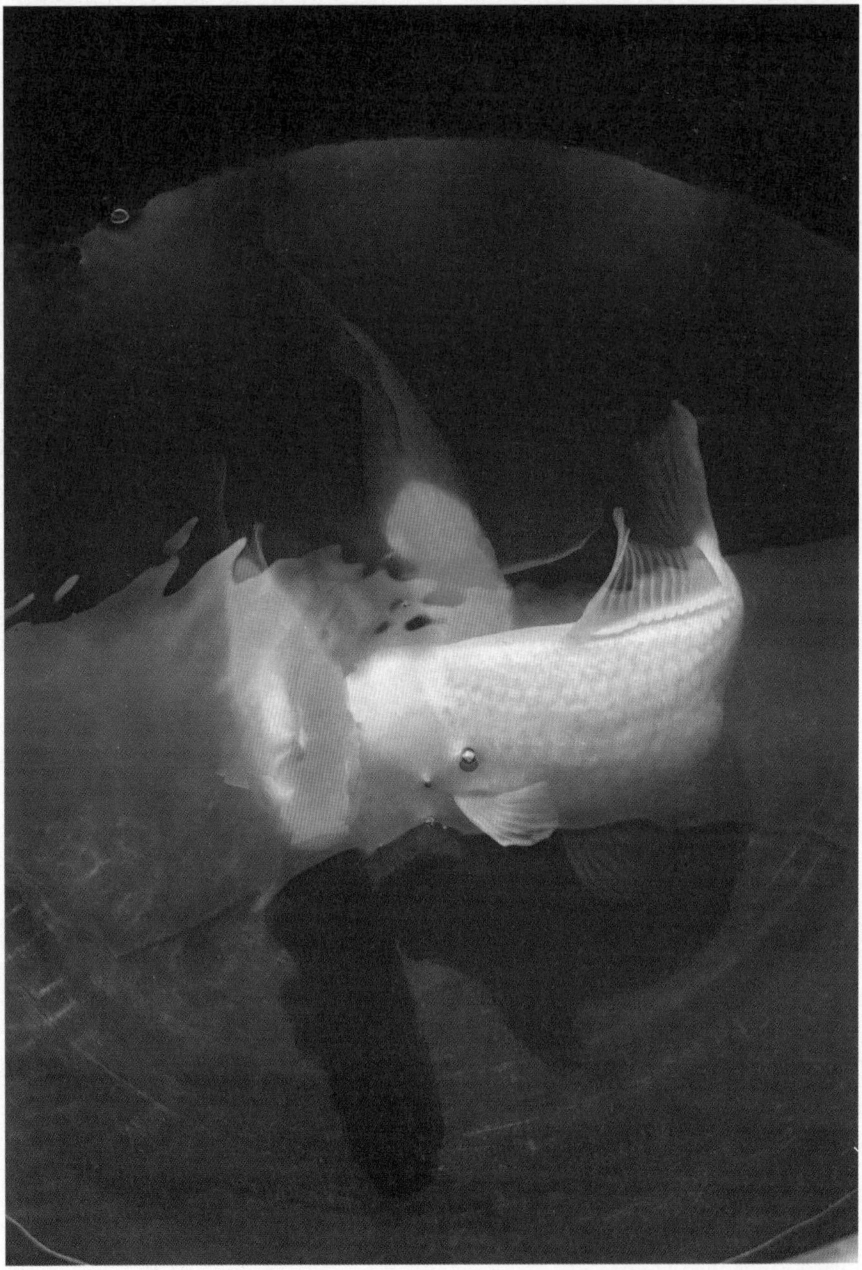

念佛号。既然身为佛家八宝，佛祖定会天力加持！

无奈中的佛号声有无作用，并不重要，重要的是我需要平静。

每当我轻念佛号，三鱼总是惊讶地看着，不知我在说些什么，却条件反射一样，叭叭声同时响起。或许小鱼感到了我的焦虑和心疼，开始和我一起加油。与此同时，我常面对圆圆手拍右肩，然后宣誓一样举起拳头，大声说：『有我在不要怕，我一定会让你重回健康，加油！加油！我们一起努力，一定要战胜病魔！你会好起来的，一定要好起来！』

这样的场景日日上演，圆圆的病却无丝毫减轻。或许预感时日将至，一天上午，我正蹲在鱼盆旁念佛号，圆圆突然冲着我哭起来，啜泣不止。是的，圆圆在哭。鱼无泪腺，故无眼泪，但哭时的样子与人无异，只不过如泪尽而泣。那一刻，我如五雷轰顶，泪流满面。金鱼的哭泣我从未见过，闻所未闻，圆圆是否在向我告别？是否在对我几年来的精心照料，表示感谢？自责、内疚和忧虑缠绕着我，如影随形，挥之不去。

几日后，相似的场景又重复一次，时间和上次一样，长达近二十分钟。这一次，我虽不像第一次那样惊诧，却似有了些心理准备，圆圆或许要离开家，离开我了，绝不放弃最后的努力，我大声说道：『圆圆加油！圆圆加油！你会好起来的！听着，你会好起来的。不要放弃！千万不要放弃！挺住！挺住！』

圆圆在生死线上搏斗，我在焦虑中度日如年，担心哪个清晨起来，看见圆圆已沉卧盆底，一动不动，那样的场面无法面对。

从惊蛰到深秋，时间已是大半年，圆圆仍在竭尽全力地坚持，百折不挠！

深秋的一天，我又来到京城东南角的花鸟鱼市，在一位行家指点下，买到一只心仪已久的澄浆泥鱼盆，摊主正撤摊甩卖，五百元成交。上文已说过该盆特点，没想到的是，圆圆自入此盆后，病竟一点点好起来，从蹭盆次数减少到逐渐消失，只有月余。各鳍的血丝和腹部的红斑，也一点点减弱，直至去年清明终于初愈，虽在繁殖过程中有所反复，已无关大局，历尽生死，转危为安。

这样的独特经历，证明澄浆泥鱼盆如温泉，具养生保健功能，以往鱼书未有记载，我在此拾遗补缺。

大病初愈，圆圆消瘦很多，体质下滑极大，每年『五一』节前后便可日夜敞开的阳台窗，经过几次夜晚开窗尝试，均以圆圆第二天立刻白便而告终，直至初伏前一天，夜晚的阳台窗才不再关闭。

初秋盆水绿如油，圆圆如置身母亲河，休养生息，终得初愈，

人生得失，贵在总结，以此悟道，助益余世。

阳光照耀，绿水加身，依欲而食，顺从天性，身意舒畅，锻造出小鱼最强壮的体质，也是团团和小爱置身污浊岿然不动、圆圆九死一生的法则，没有这样的道法自然，无为而治，圆圆早已在另一个世界。

与此同时，我被圆圆强悍的生命力所震撼，被其坚韧不拔、百折不挠的精神所震撼。生死面前，为人类演绎了一场野性的力量！

我被三鱼生死面前的亲情呵护、不离不弃、一个都不能少的场景所震撼，水中郡望的和合世界、水里的中国，就这样在一举一动中，体现出来；将被世人忽略的品格之美，表达得淋漓尽致，感人至深。

我感叹世人只关注金鱼的花容月貌，却对鱼品所知寥寥，不屑一顾。一介鳞物，古言

下等象，大美可赏，不美随手处置，甚至因年长观赏性变差而被弃，将小鱼的秉性之美彻底抛弃。

华夏民族对物的欣赏，自古以文化立标，贯穿精神之气，被誉『四君子』的梅兰竹菊，就因品格之美而被千古吟颂：凌霜傲雪、愈寒愈艳的梅之骨；深谷独立、幽香四溢的兰之雅；虚怀若谷、风寒不弯的竹之节；独立寒秋、微光亮世的菊之逸，无不被高洁之士、文人画家所钟爱，文中画里爱不释手，修炼精神高度，阐释人间大道。

相比梅兰竹菊，『温婉雅丽，和合坚韧』，是金鱼品格的高度概括。作为金鱼祖先，金鲫外形变化最小，与远祖野生鲫鱼最接近，获得的遗传基因最完整，精神和体质也最强悍，得天韵者行天道！

由金鲫而水中郡望，虽高达《诗三百》，千姿百态，秉性却一脉相传：无论柔姿慢舞，还是风驰电掣，总于温婉中透着明丽风雅，颇具老庄笔下的逍遥，令人怀疑其知天命；无论置身江河，还是盆池耳器，甚至水族箱中囚游，始终笑对世人，宠辱不惊；生死面前，奋力自救，宁在搏击中逝去，不在逆境中倒下，一改温婉之风，性情刚烈，应了『金鱼命脆生』的古言；作为群居动物，日复一日的水中和合，演绎着儒家伦理，华夏国风。这才是水中国粹，华夏国鱼，水里的中国，与金鱼美貌并列的又一观赏重心。

没有什么比秉性高洁更令人敬重，人类需更新思维，在小小金鱼面前低下头来，反思自己的精神能否与其媲美？方寸之地上的生存是否如金鱼一样，意志顽强，伸屈自如，在命运多舛中寻求光明？

附录五　团团圆圆和小爱图片辑存

金鱼喜怒哀乐图

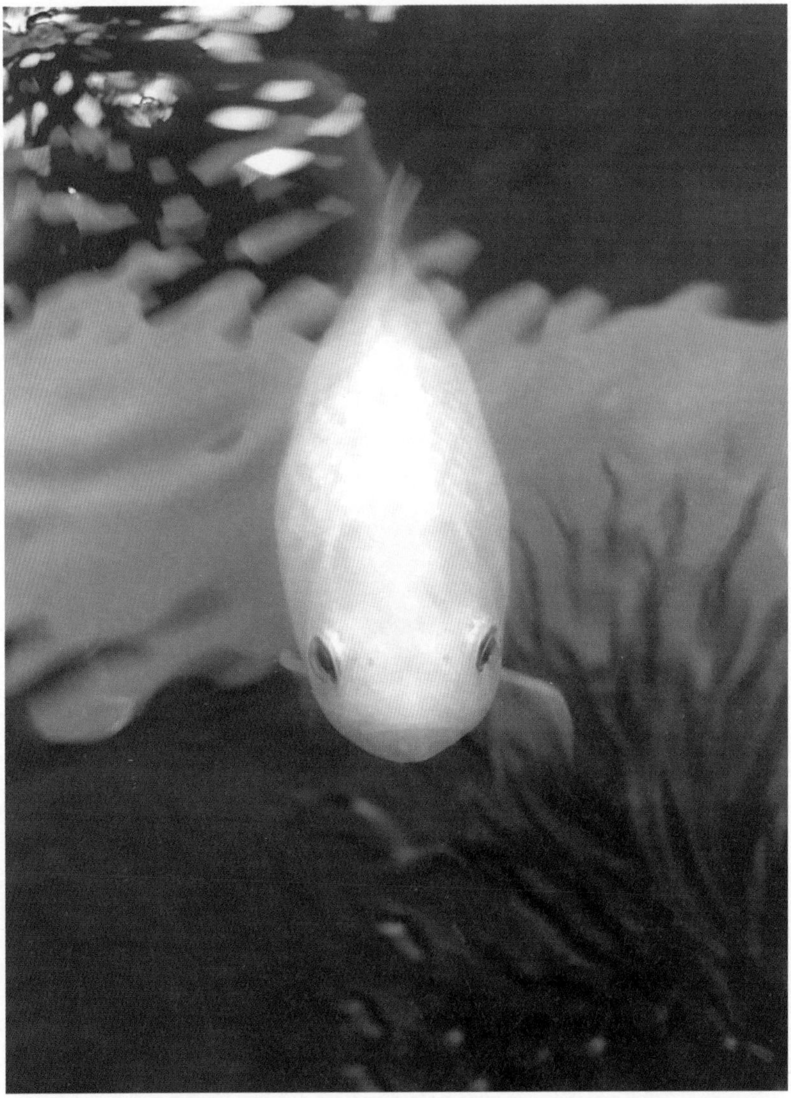

光影中的小鱼更恣意

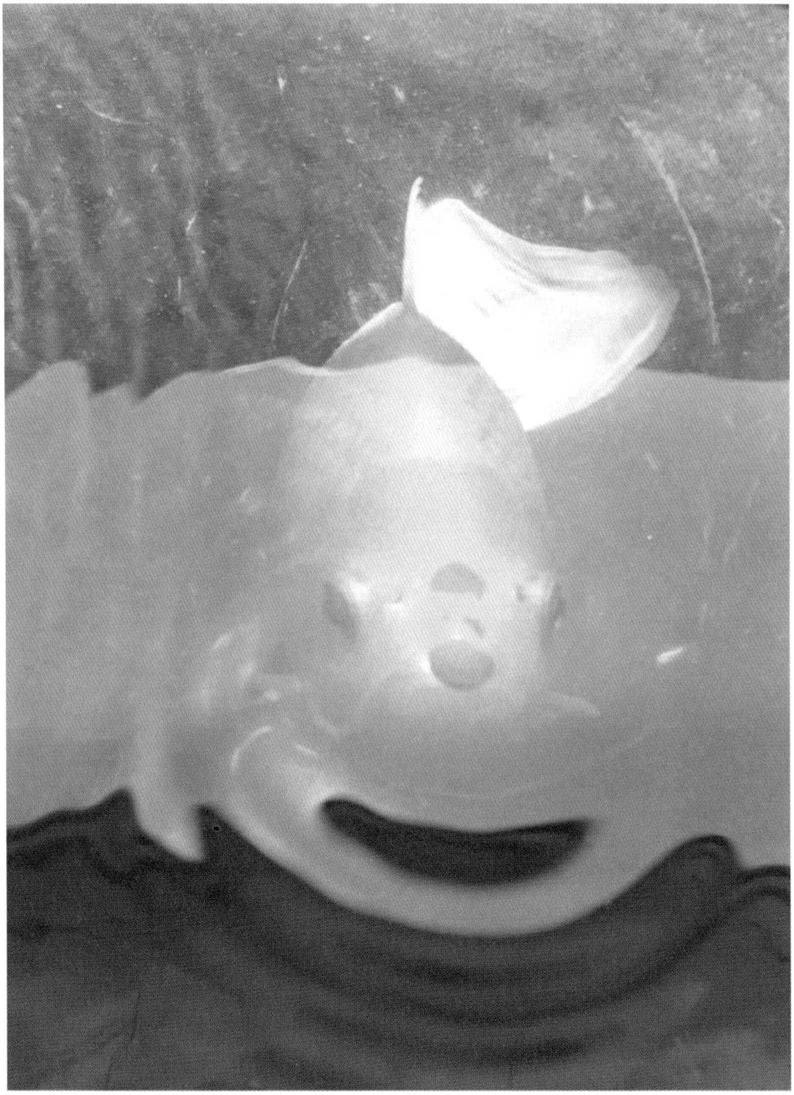

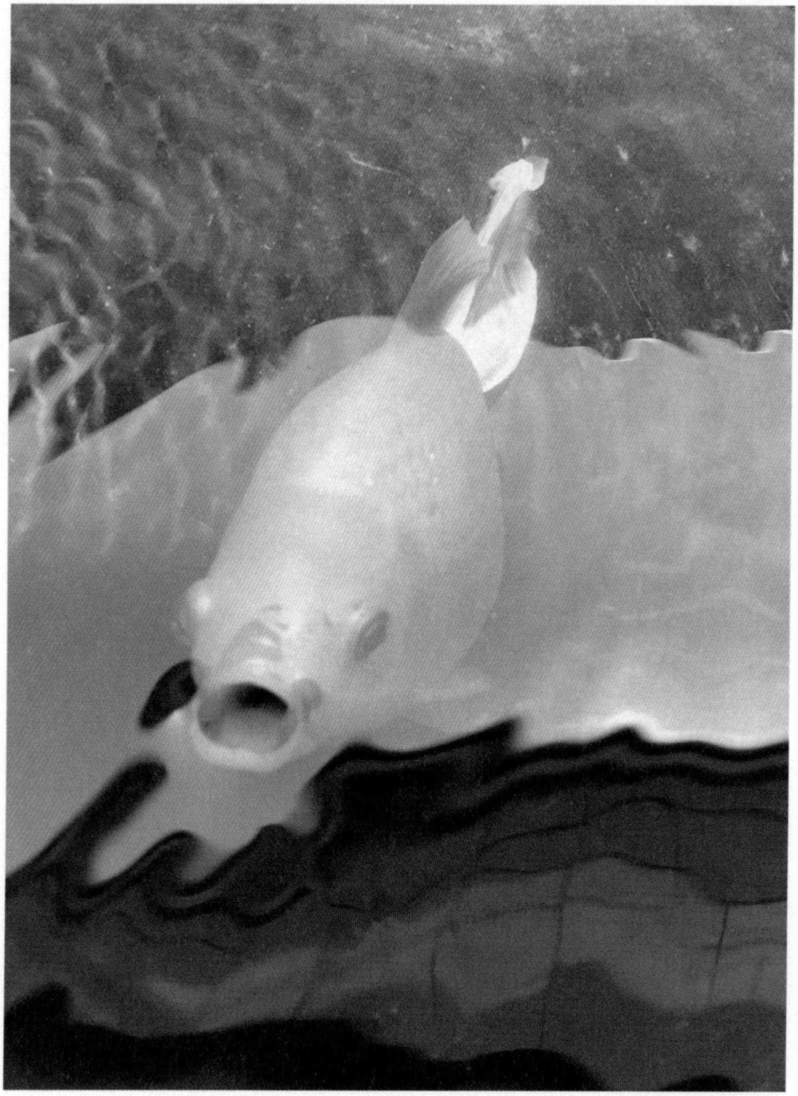

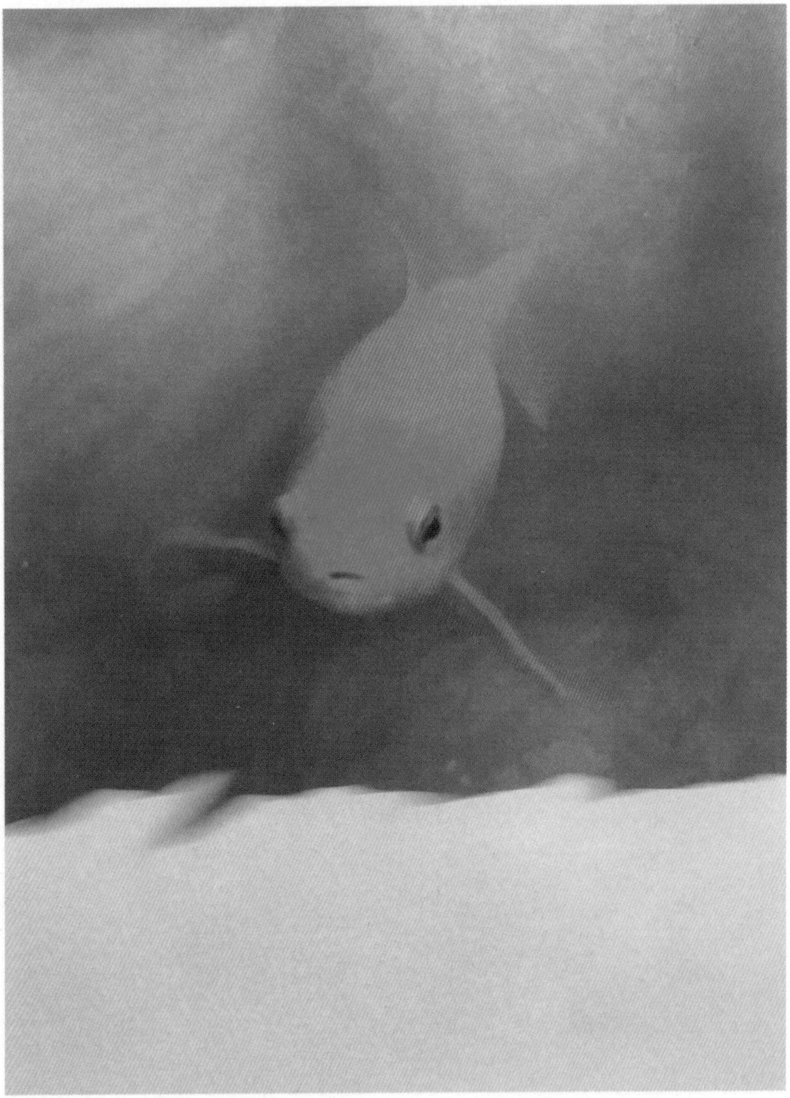

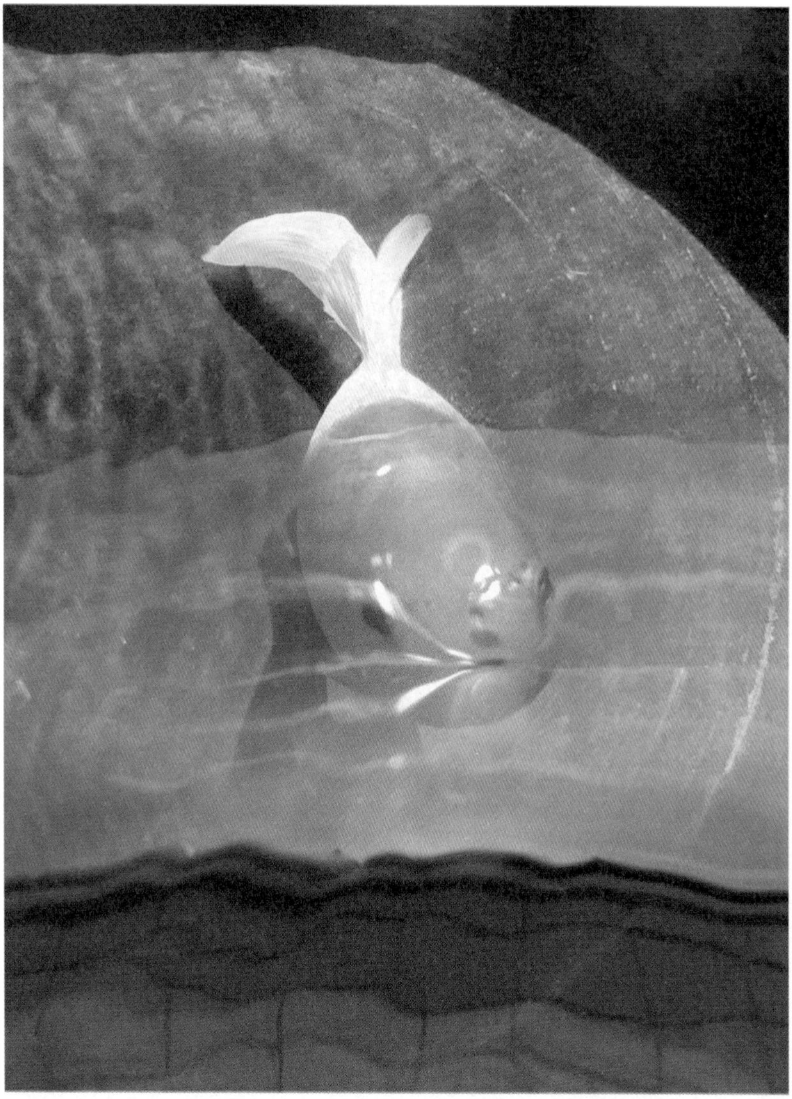

饿却不给食，圆圆很气愤

圆圆睡着了

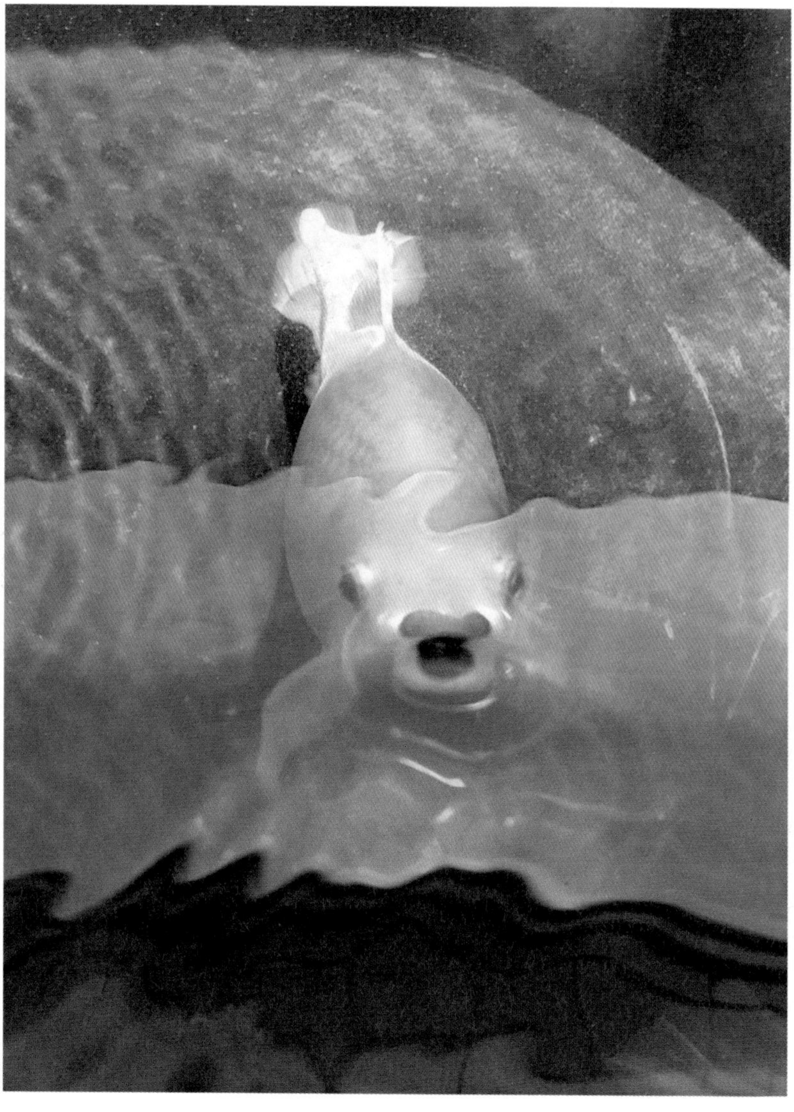

小鱼笑得真开心

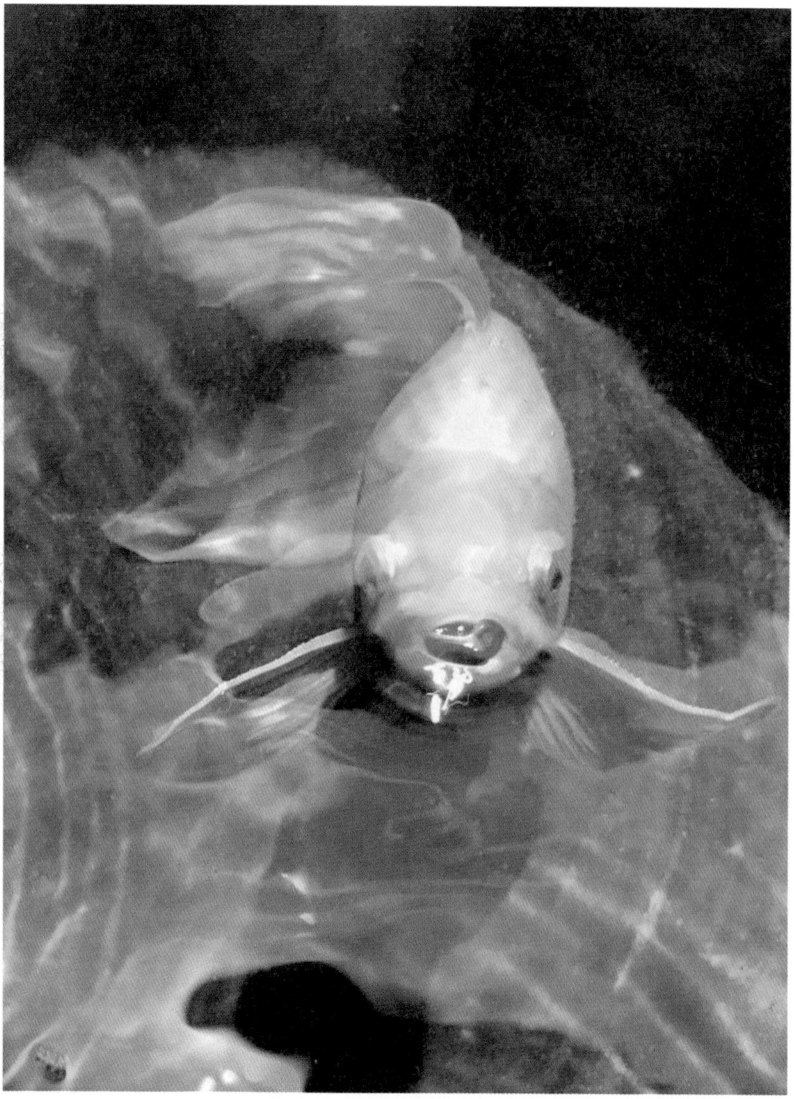

痛苦有谁知和怜

圆圆又伤心了

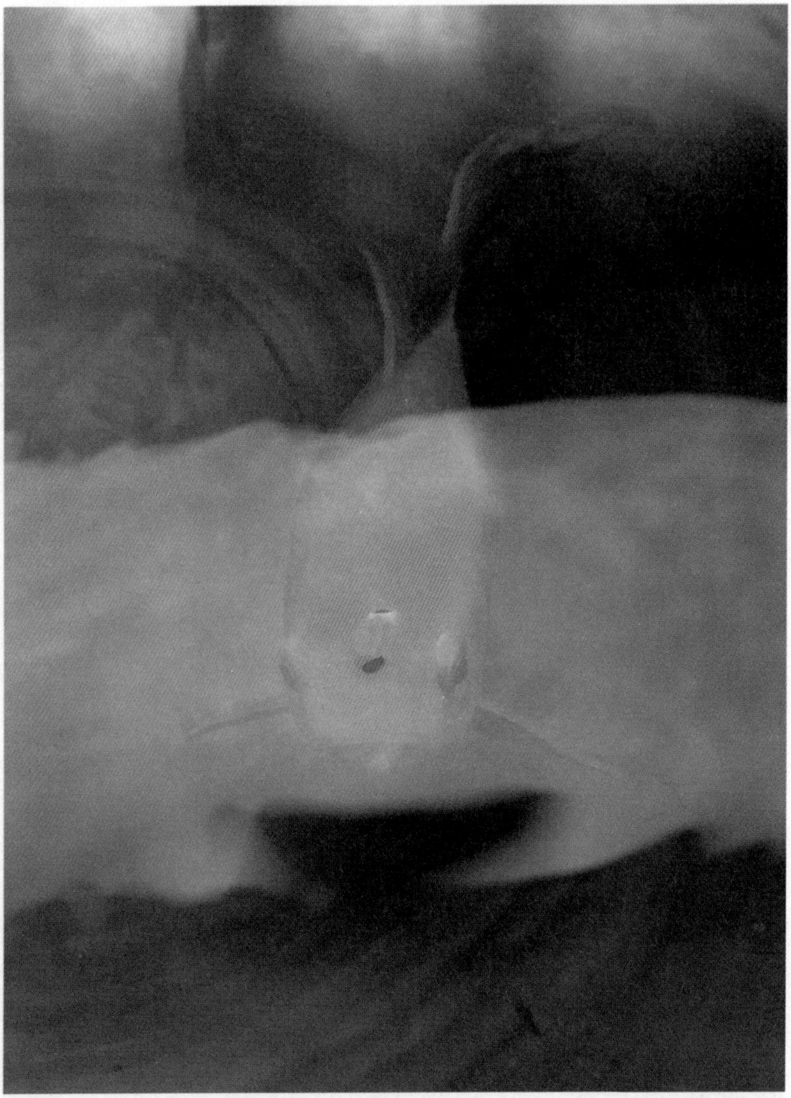

团团表情有佛意

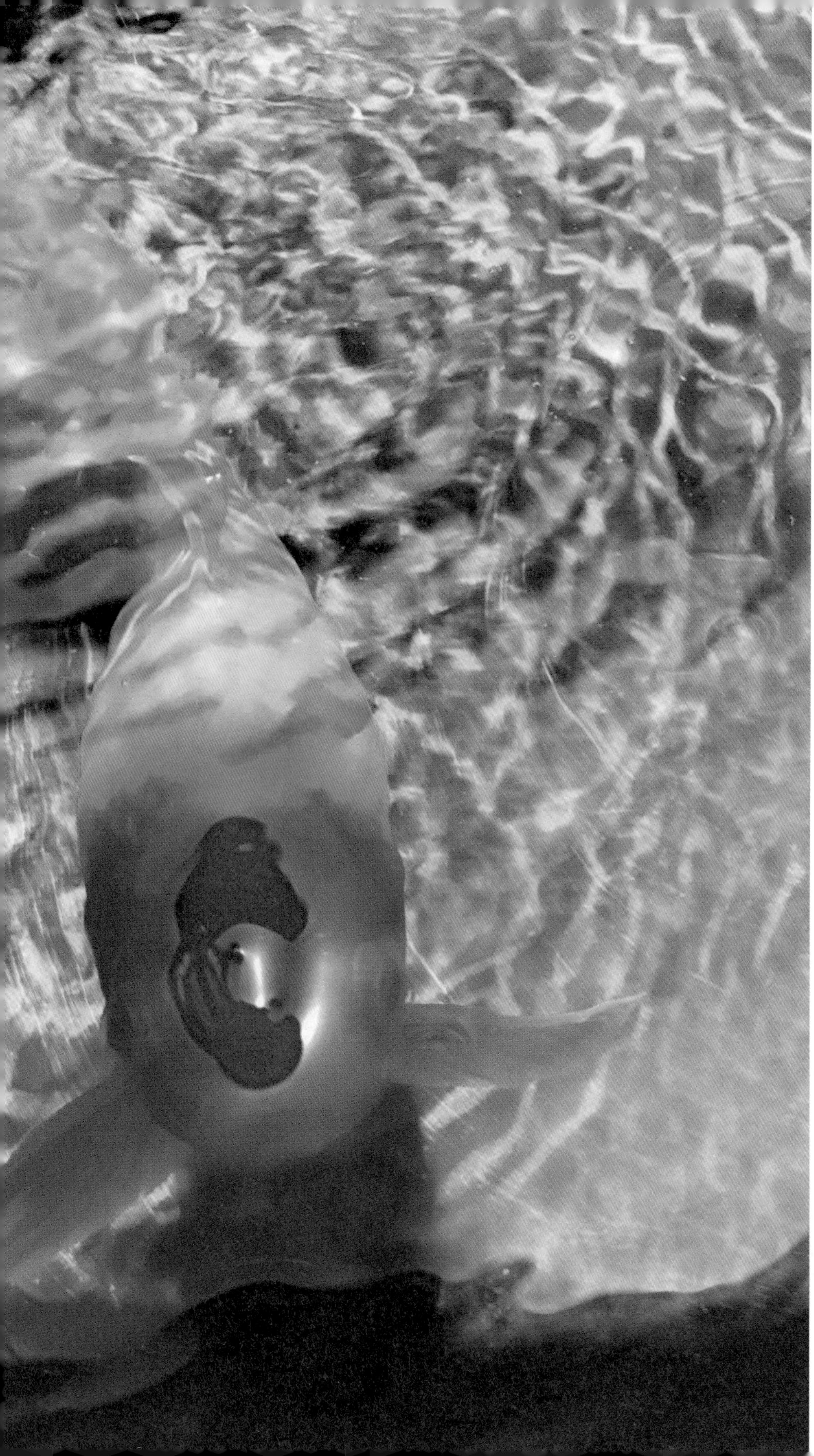

团团似头顶喜鹊

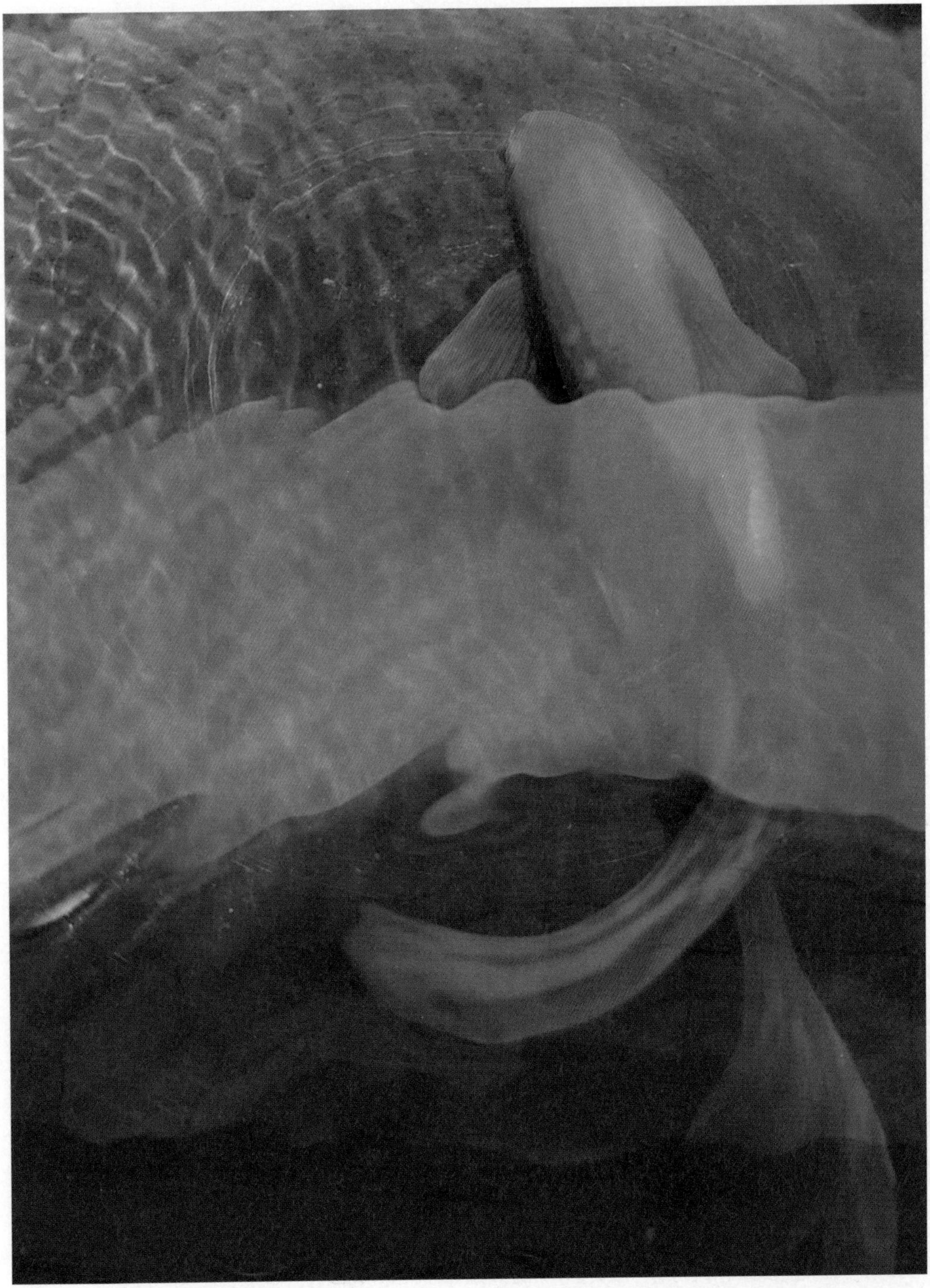

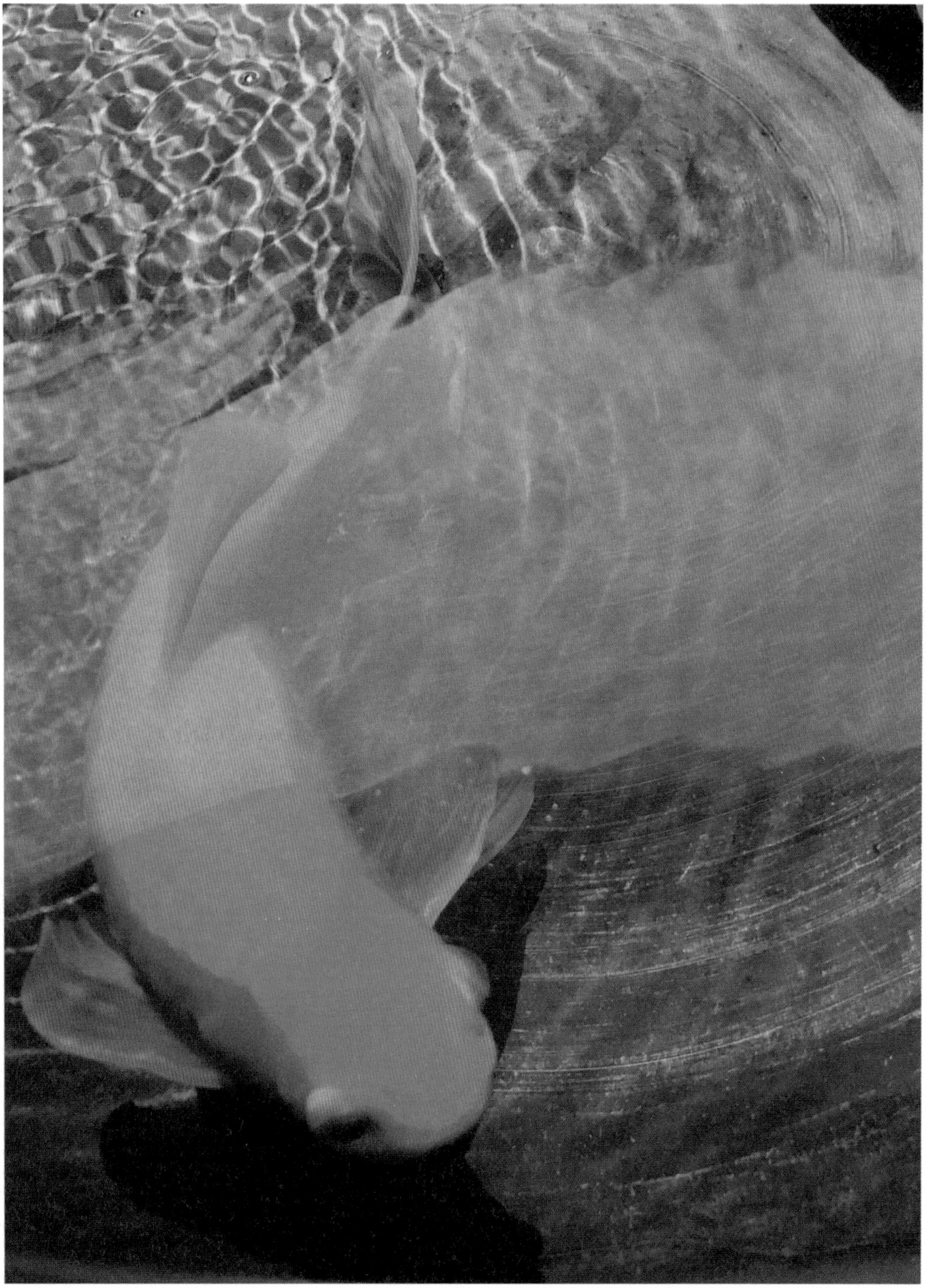

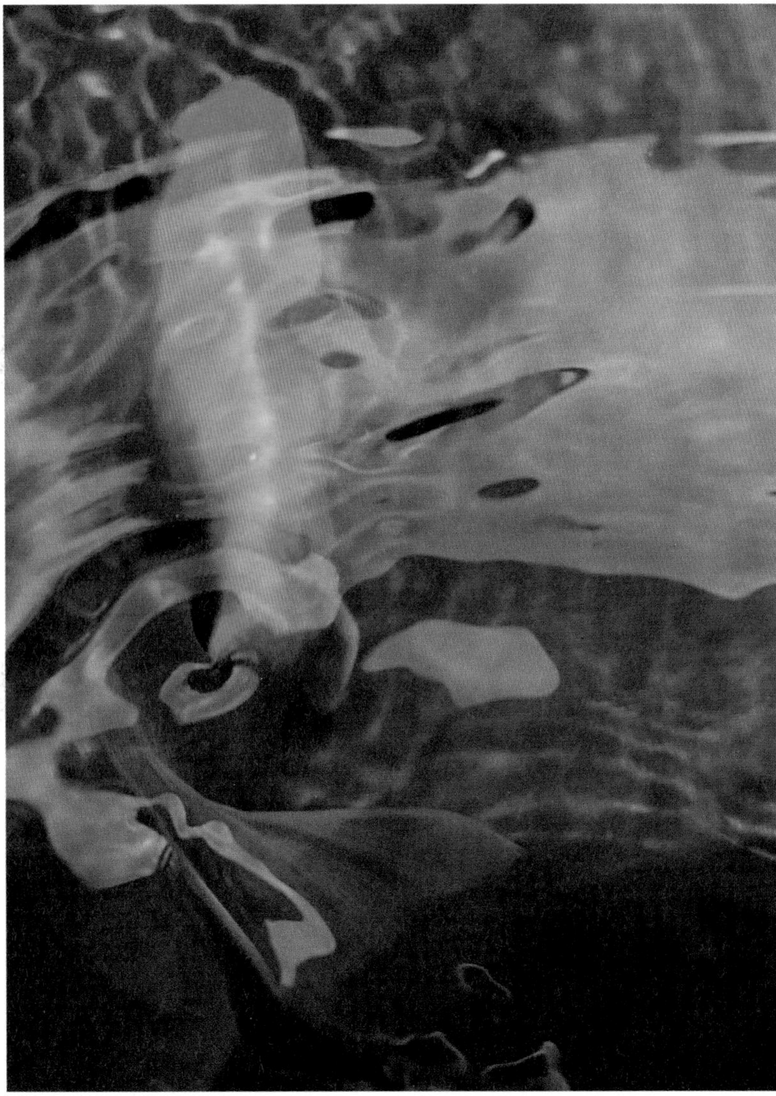

鱼有情

雨水，立春之后的节气，二〇一七年的这一天虽无雨从空中落下，丝丝缕缕的温润却掠过大地，又上心头。天地化育万物必从雨水开始，然后才是春种、夏长、秋收和冬藏，谓之天地之道。上善若水，厚德载物，雨水时节更思量。德行大小，单薄与厚重，就蕴含其中。

感谢雨水，斜开了一冬的阳台窗终于可面鱼而开，不必再担心天气寒凉会使鱼难受生病。小鱼自雨水起便追尾频频，预示着繁殖季就要到来。

或因圆圆尚未痊愈，这一年小鱼的第一次繁殖，已是清明过后的四月十二日，金鱼正常的繁殖时间。受困于伤病，二〇一六年的小鱼只繁殖一次，很像一次繁殖报时，之后便再无声息。或许想补偿旧年的损失，去年小鱼的第一次繁殖，竟从凌晨两点开始，天还很黑，比正常的凌晨四点提前了两小时；直至下午两点半才结束，比正常的结束时间延长四个半小时。各种预感开始萦绕心头，禁不住心惊肉跳。

金鱼繁殖过程中的激情追逐，会使鱼粪变碎，加上繁殖时满盆的鱼卵，水质变坏是常事，健康鱼无碍，健康度不够者必受伤害。见小鱼不再追逐，我赶紧将其捞至备盆，然后清理鱼盆。

怎么也没想到，清理至盆底时，八片鱼鳞清晰可见，一动不动，晶莹白亮，来自圆圆。细细查看，并不见圆圆哪里缺鳞，是否新鳞对病鳞的更替？

三天后，相似的繁殖时长再次上演，虽无鳞片掉落，但长时间激情追逐，常致鱼体黏膜受损、肌肤擦伤等意外之害，隔离刻不容缓。

一盆文竹，将两只鱼盆分隔东西，繁殖后的休养生息，人鱼平等。六年多从未分离的一家人，咫尺天涯，重聚将是五月初，再次繁殖，鱼壮子肥。

分离后的第一天，三鱼尚属正常。第二天起，寻觅成了主旋：独处一盆的圆圆不再进食，孤独异常，沿盆壁持续寻觅，像是不解和思考，又像是哀伤和呼唤，身体甚至紧贴盆壁，想破壁而出，找寻突然不见的亲人。

另一盆里的团团和小爱同样进食有限，东瞧西望，一脸问号，有限的进食，无法抵御心境的不解和悲伤：圆圆去了哪里？为何无影无踪？『寻寻觅觅，冷冷清清，凄凄惨惨戚戚，乍暖还寒时候，最难将息。』宋朝女词人李清照的词句，恰如此情此景。

不仅三鱼焦虑万分，我这个主人同样感觉异样，对分离痛恨不已，对团圆情有独钟。是否该让团团和小爱归家？圆圆会否因此出现生命风险？

『我住长江头，君住长江尾。日日思君不见君，共饮长江水。　此水几时休，此恨何时已。只愿君心似我心，定不负相思意。』北宋词人李之仪的千古名篇《卜算子·我住长江头》，此时已是我和鱼共同的心境。强压难过和焦虑，八天后，团团和小爱归家。

或许从未想过此生会再次团圆，八天的寻觅和等待已经绝望，三鱼重聚那一刻，出人意料的一幕发生了：圆圆与团团和小爱紧紧依偎在一起，圆圆竟再次哭泣，久久不止。鱼盆旁观鱼的我再次震动，这是圆圆第三次哭泣，不一样的原因，一样的疼痛和悲伤。

缺乏泪腺的无泪而泣，比一位白发老妇的哭泣，更令人痛彻心肠。我的眼睛瞬间湿润，泪流满面。片刻，我拿过手机，将三鱼的团圆一幕，连拍下来。

久哭后的圆圆又弯下身，将头深埋在团团和小爱身上，不愿抬起，似担忧它们转瞬即逝，再次别离。团圆过后，圆圆仍继续哭泣，难以平息。

东边日出西边雨，道似无晴却有晴。（见图三十五、图三十六、图三十七、图三十八）

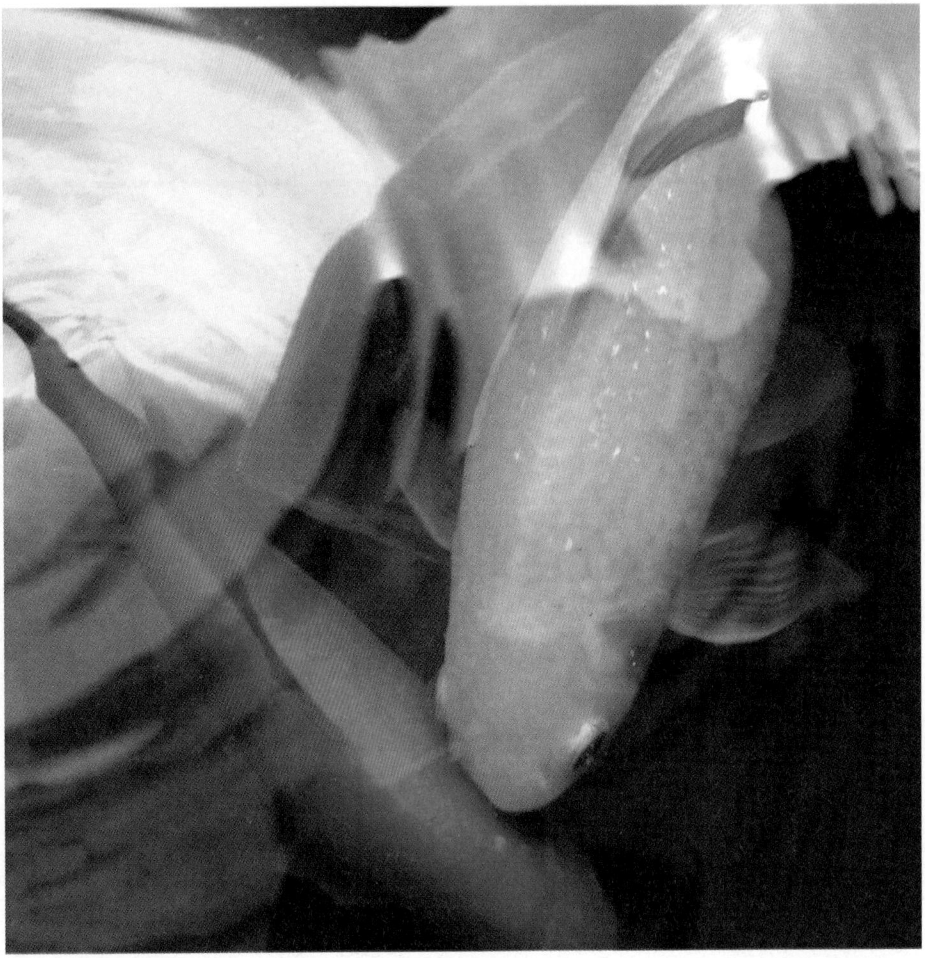

图三十五、图三十六、图三十七、图三十八　圆圆喜极而泣

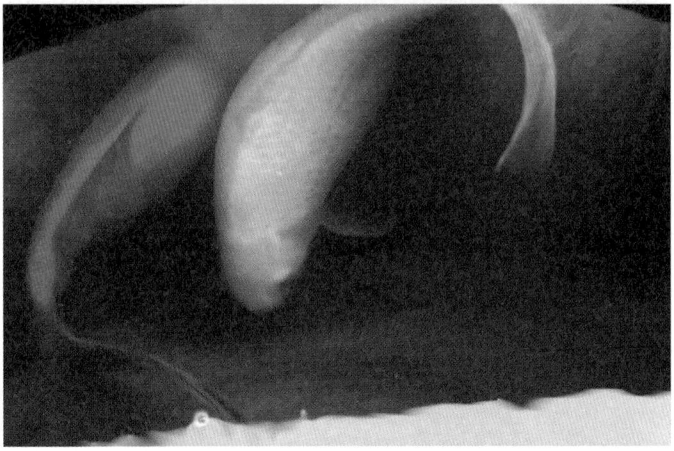

之后的很长一段时间，每当想起这一幕，我的眼睛总是湿润。

『金鱼无感情，只有七秒钟记忆』的诸如此说，流传已久，人们按图索骥，虽对鱼喜爱不已，却从未将其作为与人类同等的有感情者，活着好看，死去无妨，再买就是。几件小事，一直无法忘怀。

在京城东南角的十里河家居大道，居然之家是有名的家居城，我因喜爱家具，闲时或累时常去逛逛。一个知名品牌店面的餐桌上，玻璃缸里的两尾金鱼被我发现，那是我至今见过的最美两鱼，大眼睛水汪汪又圆又亮，雍容大气。记忆至深的却不是鱼美，而是鱼的孤独。来来往往的人中，未见谁驻足停留，对至美的鱼看上一眼，或是赞美一句。鱼却始终笑容满面，看着过往人群，似在等待一个对话者，一次次等待一次次失望。当我注意到这一幕，便停下脚步，笑望着玻璃缸里的小鱼，小鱼也冲我温暖地笑着。『怎么这么美呀？怎么这么可爱呀？几岁啦？』我和小鱼轻轻地聊着。这应该是小鱼栖身店里以来，唯一一位与其对话者，并向其表达喜爱和赞美。临走时，我对店里的女孩说：『去对面的花鸟鱼市买只泥瓦盆吧，三十公分即可，二百元足够，鱼会舒服些，玻璃缸太小，鱼难受。』女孩答应了。

隔年秋天，当我再去居然之家，去有鱼的店里观赏时，两尾金鱼已踪迹全无。『美鱼怎么不见了？』『夏天店里晚上关空调，鱼闷死了。』依旧是去年我嘱买盆的那个女孩，只是鱼已去了另一个世界。

一阵刺痛，持续至今。

我曾去京城西部的一座硬木家具城看古典家具，一个店面前，一只阔达一米多的大鱼盆吸引了我。驻足细瞧，一群金鱼正游得欢，只是看起来不够丰美。我对店主说：『是否喂食量不够，小鱼有些瘦。』『一两天喂一次，不饿就行，就是一群小牲畜，不用对它们太好。』店主说此话时，笑嘻嘻的。

我一听，气愤至极，觉其做人大有问题，便婉转说：『金鱼灵性极高，你这样说鱼，鱼一定听得懂，放它在店里是想连年有余，可你这么说话，鱼怎么会高兴呢？不高兴，怎么会造福于你呢？』说完我便转身离开，不想再停留片刻。

再次刺痛，至今无法消除。

想到那些对众生出言不逊者，我必须大喝一声：停住，不要再口出狂言，欲言又止也难掩亵渎，没有什么比蔑视众生更可恶，即使一次，内心的冷漠也表露无疑！

几年前，当我在网上搜索金鱼的全球最新研究成果时，来自百度贴吧、被搜狐网等媒体转发的一则新闻震动了我，不仅因金鱼年龄，更因其他，新闻整合自英国相关媒体的报道，大意如下：

英国最长寿的金鱼蒂什在它的长寿记录已获国际相关机构认可、即将载入《吉尼斯世界纪录大全》时，阖然辞世，这使熟知蒂什的人乃至整个英国都十分悲伤。

《时代》杂志为它写的讣文说：『享年四十三岁的蒂什每天都在水中囚泳，何曾料到自己会被写进《吉尼斯世界纪录大全》呢？对于一条金鱼来说，能获得这个名誉，也算死而无憾了。』英国一向以爱动物闻名，多份著名报章以头版报道了它的死讯，英国广播公司的晚间新闻还播出了蒂什在水族箱中游弋的纪录片，认为其治丧规格不在戴安娜之下。

按《时代》杂志的说法，当年的蒂什只是来自南约克郡唐卡斯特集市一个摊位的小鱼，沧海桑田，斗转星移，从时间意义上说，它也是位历史的见证人。

一九五六年，彼得·汉德在集市上，把还不过是一尾普通小鱼的蒂什迎回家。时隔四十三年，汉德家的其他小动物相继身亡，当年七岁的小彼得也长大成人，成家立室。彼得的母亲、七十二岁的希尔达·汉德照顾了蒂什多年。最近蒂什身体有肿胀和脱色迹象，她知道它的日子不多了。一天早晨醒来，蒂什终于沉在金鱼缸底。希尔达说她早有思想准备，它不可能永远活下去，就像她自己不能永远活下去一样，但她还是感到非常哀伤。汉德家把蒂什放进一个精制的空乳酪盒，埋葬在后院里。汉德太太表示：蒂什的长寿是因受到良好的照料。她说：『我们只让蒂什吃一个牌子的鱼粮，严格掌握水温，定时为它换水，从不会用手拿起它。』

三年前，《吉尼斯世界纪录大全》的大使们获悉蒂什已四十高龄后，前来调查。由于蒂什一直被置于室内，不受季节转换影响，所以不能用传统的显微镜探测鱼鳞法，查证它的岁数。于是，几位大使四处访查，并要汉德家的亲友在证明书上宣誓签字，至今年才把手续办妥，就等着为蒂什举办记录授予仪式了。

蒂什去世后，英国各地的金鱼爱好者闻讯赶来慰问。据称英国百分之六十的家庭养有金鱼，而金鱼的平均寿命为十五岁。

这篇记录详细的报道，见证了一家人和一尾金鱼的命运及感情，也见证了一个国家对一尾长寿金鱼的尊重，那是人对自然、对所有众生的尊重。

蒂什的图片，就放在该文下面，最古老的短尾金鱼，看上去青春俏皮，眼神天真。据几年前的相关报道，蒂什进家时是铜红色，年老时皮肤褪色，变成银白了。彼得·汉德的父亲在蒂什离世后，非常悲伤，他说：『金鱼认得我的面孔，我也了解鱼的心情。』

第一次看此新闻时，我曾想金鱼认识主人面孔是当然，因朝夕相伴，但人怎么会了解鱼的心情呢？

养鱼多年后，对鱼的关爱和理解日日加深，我才明白这句话的真正含义，正如汉德太太所言：『蒂什的长寿，是因受到了良好的照料。』

良好的照料不仅是照顾，而是将对家人之爱延伸到了金鱼。近半个世纪的时光，蒂什早已成为汉德家的亲人，看看它可爱精灵的样子，与一个婴儿的表情没有任何差异，就知道它始终是汉德家的婴儿，对婴儿的照料定是无微不至！

鱼有情，表达方式不同，细致观察思考，必有感应。

至此书出版时，团团、圆圆和小爱已近八龄，不知它们能否像蒂什那样高寿，或比蒂什更高寿。不管怎样，它们已是我永世的亲人。这样的定位，既源于对『人与自然为一体』的理解，也源于与它们的宿世之缘，源于对大贤的敬重。

诗意栖居，含括天地所有。

亲情相待，相望相守，天地之期，人伦之德。

爱鱼说

鱼小，所需空间却大，充裕的光照是必须，尤其夏之外的春秋冬三季。为将被大树遮蔽之光还给鱼，使清澈一冬的鱼盆水尽快返绿，继续之前保持多年的绿水养鱼，去年谷雨后的第三天下午，物业师傅近一刻钟的拉锯声里，入住阳台六年、顶棚两年多的龙血树被拦腰截断，粗壮的树干和六个近两米高的树枝，见证其近十年的树龄。想到其和小鱼同时进家，根粗叶茂却被腰斩，心疼不已。没有了如诗似画的前庭后院，植物、人和鱼只能蜗居小楼成一统，身意难舒展。

感谢老树六年多带给家里的氧气和温润，一个干燥缺水、雾霾遮日的城市，这样的功德难能可贵。

拉锯声响起的那个上午，我向树默语了我的考虑，并再谢它六年多的持续付出。万物有灵，学会感恩，才更懂得珍惜。

没有了龙血树的遮挡，安居树下的鱼盆终得舒展，小鱼欢呼雀跃，游东跑西，不愿稍停，似在庆祝。约一周后，鱼盆内底部和四壁渐生绿苔，小鱼更加安心宁神。

龙血树拦腰截断已多日，心疼和怀念却无法终止。一日楼下散步，偶遇上门截树的两位师傅，谈起树断之痛，师傅无意中说了一句：『你家窗外的银杏树再过两年，会比顶楼还高，你不用太心疼。』『你说什么？我家窗外的树是银杏树？』『你不知道吗？』『我没留意过。』几句对话下来，我已急迫不已，一路快步进了家门。

放眼窗外，隔窗相望的银杏树竟达三棵。我又跑到楼下细数，不得了，三棵银杏树的左邻右舍相加，竟多达十棵，十棵呀，简直是片银杏林！

一连几日，我兴奋得梦里都在笑，竟怪自己和银杏树隔窗相望十六年，相逢对面不相识，只记得每年秋日来临，金黄金黄的树叶落满地面，如同满地金片，放着金光，黄得耀眼，只不过一个轻盈，一个厚重。

平面而视，银杏树已高出窗子两米多，之前因龙血树的遮挡，朦朦胧胧，犹抱琵琶半遮面，现在每日相望又相识，亲切和美的感觉与日俱增。

当我为了鱼将心爱之树截断，三颗银杏树及银杏林竟从窗外探出头，将我的遗憾一扫而空，天然的水墨丹青，不求自得。

精神开花天地香，得失常在无意中。

时入初夏，龙血树又被移至楼道靠窗处，令负重六年的阳台休养生息。

天渐热，没了龙血树的大树底下好乘凉，畏日的小鱼静卧盆底，不愿游动。一把油纸伞却意外张开，为小鱼撑起夏日里的天棚。

细瞧伞面，满树凌寒傲雪的腊梅开得正艳，暗香涌动，风骨铮铮。梅花之上，墨书着北宋著名改革家、文学家王安石的《梅花》诗：『墙角数枝梅，凌寒独自开。遥知不是雪，为有暗香来。』为变法而生却屡遭挫折、终以失败收场的王安石以诗言志，道尽改革者的宿命和矢志不移的气度，与金鱼的品格相契。（见图三十九、图四十）

龙血树留下的空间，被三盆棕竹所占据，与两盆文竹一起，构成阳台上的竹园，这样的改造酝酿已久：文竹纤细儒雅，貌似弱不禁风，却如骨节之刺儿，精神强悍，百虫难侵；棕竹遇寒不弯，风流雅逸。『宁可食无肉，不可居无竹。』文人雅士的千古精神，必须传承。还有，我领略了金鱼的品格，唯梅兰竹菊可与其比美，憾阳台狭小，难一一复现，几盆绿竹代之，略补缺失。竹鱼相映，倒有另一番风流。

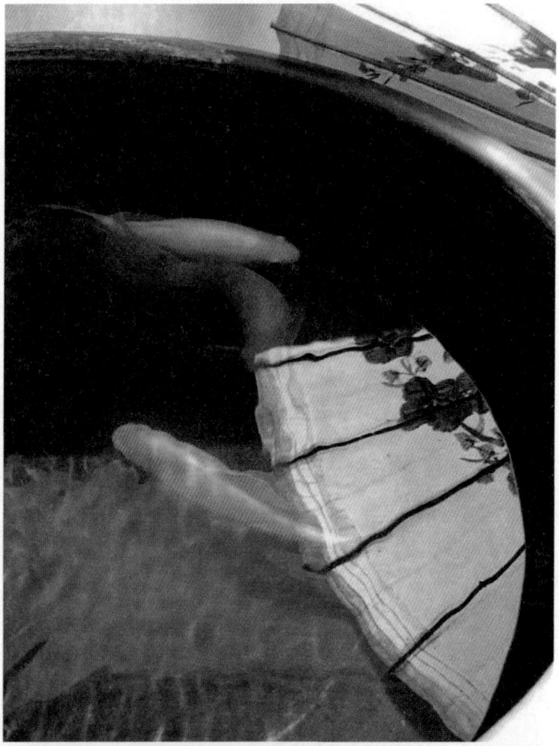

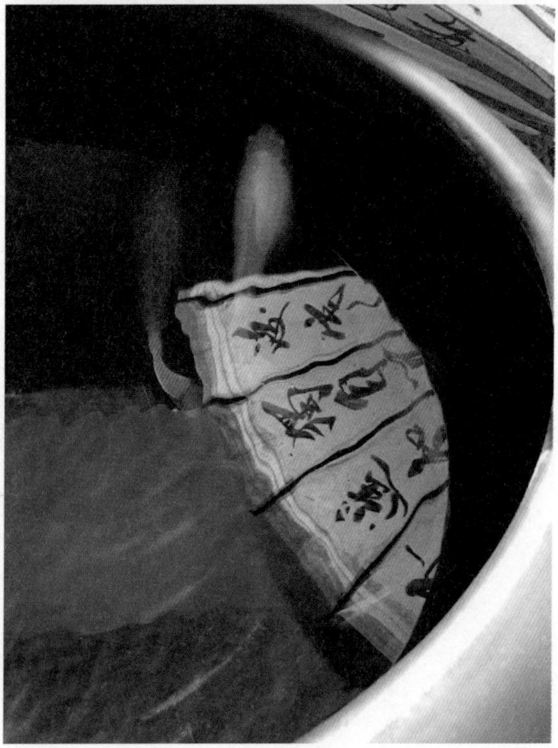

图三十九、图四十
诗人家的小鱼也该墨香缕缕

置身阳台，或坐书房而望，自感精神被时时磨砺和塑造，遂引为知己。如有朋友登门或来电，谈鱼论竹，时间紧张的我顿觉时间充裕，兴致盎然，与清代大书法家梁山舟相似。

梁山舟喜养金鱼和竹，金鱼入庭院，盆竹入书斋。养鱼之事，仆人不用，一切亲劳。竹鱼相伴，怡然自得。书家美名在外，登门求字者自然多，常一二年方得，便有心细者携金鱼登门和知音，美字立等可取。

由竹鱼相映想到中山公园的『知乐簃』、昔日楼阁旁边的小屋，虽已随风而逝，那份风雅却余音袅袅，挥之不去。几经思虑，决定为阳台上的竹园取名『知乐簃』，以示传承。

由『知乐簃』想到徐国庆，想到那一抹伤心欲绝的背影，还有徐家对宫廷金鱼的不离不弃，为其血脉传承殚精竭虑；想到病床上疾病缠身的老人姚兴发，人生临近终点，仍为家族鱼技之书的出版焦虑不已，那是想以书传世，嘱托后来者善待金鱼，也是今生为金鱼所能做的最后一件事，可惜不了了之，老人抱憾离去。他们是真正的爱鱼者，懂鱼者，为鱼之忧而忧，为鱼之乐而乐。

又想到张丑、蒋在雝、句曲山农、尚兆山、宝使奎等明清两代的文人学者们，他们是最早的爱鱼者，懂鱼者，以深厚的国学修养，为金鱼的审美和饲育立标，使金鱼带有浓郁的文人鱼色彩，并在前行中有法可依。尚兆山以一支诗人和爱鱼者的画笔，令文人鱼永留人世。

由文人鱼想到今天的金鱼世家，和文人鱼时代相比，草种、文种、蛋种和龙种的分类，与清末相比并无变化，唯金鱼容貌的种种变异，不见边界，空间之浩瀚，难以估量。

令人忧虑的是，中国虽再次崛起，人民生活富足，家庭养鱼风气再浓，可占据我国观赏鱼市场半壁江山的是热带鱼；日本的锦鲤和金鱼等，也占有百分之二十左右的市场份额；中国金鱼的市场占有率，却只有百分之五左右，与水中国粹的地位不相称，与金鱼故乡的地位更不相称。究其缘故，缺少文化引领是内伤。世间之物，没有最美，只有更美，只有将文化之气贯穿其中，方可永立。即使人为或战火摧毁，也会薪火相传，死而复生。

又想到养鱼者，他们都是爱鱼的，可真正想鱼之所想、忧鱼之所忧、乐鱼之所乐者，又有多少？水族箱里那一片江河湖海，美的究竟是人还是鱼？金鱼的囚牢之痛，是否被感同身受？

句曲山农在其书《金鱼图谱》的最后一节，直言『金鱼于世无功』，并其对人的部分疗疾作用，开出方剂。这是该书最大败笔，也说明金鱼世家崛起的时代，无论形象多美，终是一介鳞物，无人关注其秉性，这一格局至今未变。

自《山海经》问世，文鱼亮相天下。五百多年前，金鱼世家在吴地崛起，开始了风云新途，却将金鱼的品格遗失，独立门外，历尽雨雪风霜。这是文人鱼时代的缺憾，后来者必须拾遗补缺，为金鱼的品格立言！

前文说过，华夏民族对物的欣赏，自古以文化立标，贯穿精神之气。金鱼的秉性之美，从不在梅兰竹菊之下，却乏人歌之，千年冷落。

金鱼天命何为？我们不得而知。从其秉性感悟，却又一目了然：以德滋养人类，正是金鱼天命！如同人之责为代天管物，以行天道。

人生于世，鱼德先行，为人类的繁衍生息提供滋养，日复一日，不见停息。

文鱼诞生，金鱼世家崛起，以庞大的族群力量，为人类的德行提供滋养，日复一日，无怨无悔。人类却只热衷金鱼的美貌，对其秉性视而不见，对其大德所知寥寥，这是人类的惭愧，身在福中不知福！

亡羊补牢，为时不晚，德貌兼赏，才不负金鱼故乡的身份，才不负水中国粹的世间之旅，人和金鱼才可成就真正的生死之交。

养鱼近八载，因喜而品，鱼病而思，对金鱼秉性有了至深感悟，继而敬重，『品贤盆』因此而生，『团团、圆圆和小爱』因此而名，此书因此而问世。张丑、蒋在雝们的使命，已经完成，未竟之事，后人必须承担。

将金鱼外貌和品格之美，提升至文化高度，华夏儒风的水中演绎者，滋养人类德行的水中先贤，是对金鱼之美的一次重要发现，并以图文并茂的形式记录下来，在华夏金鱼史上还是第一次，使水中国粹、水里的中国有了充分注解，成为金鱼发展史上第六座里程碑。与此同时，既是对文人鱼的传承和发展，也是我成金鱼必须完成的使命，义不容辞。我愿以此书、以一篇短文《爱鱼说》，使金鱼如梅兰竹菊，品格立世，千古吟唱，承载水里的中国。

爱鱼说

宋人周敦颐言：『水陆草木之花，可爱者甚蕃。晋陶渊明独爱菊；自李唐来，世人甚爱牡丹；予独爱莲之出淤泥而不染，濯清涟而不妖，中通外直，不蔓不枝，香远益清，亭亭净植，可远观而不可亵玩焉。

予谓菊，花之隐逸者也；牡丹，花之富贵者也；莲，花之君子者也……』

相比陶菊周莲，羲之喜鹅，林逋梅妻鹤子，我唯钟爱金鱼：色似辰州貌自美，透视污浊身比莲；纵浊境难逃，必以死抗争；质朴雍容，温婉雅丽；水中和合似周孔，人见人喜如凤凰。区区鳞物，古言下等象，却以身洁貌美德精神，教化人心。谁言大德必人类？我视金鱼为先贤。（见图四十一）

图四十一 家里的知乐簃

后记

世上贤达皆可为师

人生素喜自然之美，花香鸟儿叫，寒来暑往，无不阐述天地之道，故有『道法自然』，人当循之守之。

怎么循？怎么守？却非一蹴而就，需积时感悟，日日成长。

感谢团团、圆圆和小爱，它们来到家里，皆因主人热爱自然、怀念祖居之心，主人却对『人与自然为一体』的细节把握缺乏体察，对灵长的责任和义务理解尚浅。

两千八百余个日夜过去，至本书出版，三鱼已近八龄，我也对天生万物以人为贵、旨在代行天地之命、管护万物的人之节，有了更多思考；对『人与自然为一体』的古老哲学，有了更深认知；对金鱼的品格之美有了更深感悟，遂将过程记录成书，以启他人。

人生于世，学无止境，师者不必皆出于人，梅兰竹菊金鱼等世上贤达，皆可为师。

真正的作家或学者，必修身行道以利世，使闻其言读其书者如赏梅之风骨，如入幽兰之室，雅香四溢，润德润心。

感谢黄文华先生和王大鹏先生，夫妇二人不仅有很高的学术造诣，而且具传统士大夫精神，作为我的长辈和良师益友，一直以来交流甚多，为人为学深受教益，这一切已作用于书中。

感谢商务印书馆，八十多年前，陈桢先生的复兴高级中学教材《生物学》得益于该馆的推出，风靡中国和邻国，使水中国粹从遗传学角度，被世人初步知晓。八十多年后，又一本金鱼书——《金鱼：水里的中国》由该馆出版，这是冥冥中注定的缘分，使金鱼从历史、文化、品格和饲育等角度，得以阐释。两书角度不同，『昌明教育，开启民智』的立馆宗旨，一脉相承。

人生天地间，食天地之禄，感众生之美，必取用有度方不负使命，如书中所言，众生间如山林老树，枝叶相望，根脉相连。牢记这一点，便可往来如亲人，相望相守。

冰岛戊戌年荷月知乐簃旁书房敬书

图书在版编目（CIP）数据

金鱼：水里的中国／冰岛著. 一北京：商务印书馆，2018
ISBN 978-7-100-16028-5

Ⅰ. ①金… Ⅱ. ①冰… Ⅲ. ①金鱼－文化研究－中国 Ⅳ. ①S965.811

中国版本图书馆CIP数据核字(2018)第067823号

金鱼：水里的中国

冰 岛 著

商 务 印 书 馆 出 版
（北京王府井大街36号 邮政编码 100710）
商 务 印 书 馆 发 行
三河市潮河印刷有限公司印刷
ISBN 978-7-100-16028-5

2018年9月第1版　　开本 787×1092 1/16
2018年9月第1次印刷　　印张 24 1/4

定价：128.00元